重庆文理学院学术专著出版资助

实用农村污水
处理技术与工艺

蒋山泉　孙向卫　李 强　等著

U0342267

北 京
冶 金 工 业 出 版 社
2023

内 容 提 要

本书内容包括农村和乡镇污水处理工艺的研究、设计与计算。全书共 6 章，主要介绍了农村污水水质、水量特点，实用处理工艺的确定，污水处理厂（站）工艺设计时处理水量的计算、污水水质指标及设计进水水质的确定、物理处理单元工艺设计计算、生物处理单元工艺设计计算、污水处理厂物料平衡计算、污水处理厂总平面布置与高程水力计算、消毒设施工艺设计计算、污水处理厂的技术经济分析等，以及大量与污水厂设计有关的资料。各章内容既有基本理论和原理，又有大量的例题和计算实例，具有较强的综合性、系统性和实用性。

本书可供从事给水排水工程和环境工程专业的设计人员、科研人员以及管理人员参考，也可供高等学校相关专业师生参考。

图书在版编目（CIP）数据

实用农村污水处理技术与工艺／蒋山泉等著.—北京：冶金工业出版社，2023.8

ISBN 978-7-5024-9613-5

Ⅰ.①实… Ⅱ.①蒋… Ⅲ.①农村—污水处理 Ⅳ.①X703

中国国家版本馆 CIP 数据核字（2023）第 159942 号

实用农村污水处理技术与工艺

出版发行	冶金工业出版社		电 话	（010）64027926
地 址	北京市东城区嵩祝院北巷 39 号		邮 编	100009
网 址	www.mip1953.com		电子信箱	service@ mip1953.com

责任编辑 夏小雪 李培禄 美术编辑 吕欣童 版式设计 郑小利
责任校对 石 静 责任印制 禹 蕊
北京印刷集团有限责任公司印刷
2023 年 8 月第 1 版，2023 年 8 月第 1 次印刷
710mm×1000mm 1/16；13.75 印张；238 千字；211 页
定价 79.00 元

投稿电话 （010）64027932 投稿信箱 tougao@cnmip.com.cn
营销中心电话 （010）64044283
冶金工业出版社天猫旗舰店 yjgycbs.tmall.com
（本书如有印装质量问题，本社营销中心负责退换）

前　　言

农村生活污水排放直接影响乡村公共卫生和农村环境健康，对其进行有效的、可持续的管理是提高农民生活质量、改善乡村生态环境、实施乡村振兴战略的重要举措。随着乡村振兴战略的实施，农村污水处理事业将迎来大发展的黄金时期，污水处理工程的设计、施工及调试运行任务相当繁重。因此，迫切需要研究实用农村污水处理工艺，开发综合、系统和实用的农村污水处理工艺设计计算指南，推荐农村污水处理案例。本书就是基于这一原则，从处理水量的推求与确定、处理水质的预测、实用处理工艺的确定、物理处理单元工艺设计计算、生物处理单元工艺设计计算、处理厂物料平衡计算、处理厂平面布置与高程计算以及处理厂的技术经济分析等方面对基本理论、基本原理、工艺设计计算进行了阐述和介绍。本书最大特点是通过计算例题的形式，对污水处理单元工艺设计参数的规定、计算公式、方法、内容和步骤进行了详细深入的介绍。

全书由重庆文理学院蒋山泉、孙向卫、李强、邓小红、谢朝霞、刘红盼、陈金磊共同完成，其中蒋山泉撰写第1~3章，李强撰写第4章，孙向卫撰写第5~6章。邓小红、谢朝霞、刘红盼、陈金磊参与编写、整理文稿，并参加了部分章节插图绘制工作。本书获重庆文理学院学术专著出版资助。

本书可供从事给水排水工程、市政工程、环境工程、环境科学、化学工程等专业的工程技术人员、科研人员以及有关管理人员使用，也可作为高等院校本科生、研究生的教材或参考书。

　　在本书编写过程中，参考和选用了一些单位和个人的著作和资料，在此谨向他们表示衷心的感谢。由于作者水平所限，书中不妥或错误之处敬请批评指正。

作　者

2023 年 5 月

目　　录

1 农村污水处理技术概述

1.1 农村污水处理意义

《国民经济和社会发展"十四五"规划和2035年远景目标》中明确指出"因地制宜推进农村改厕生活垃圾处理和污水治理",2021年中央1号文件将"统筹农村改厕和污水、黑臭水体治理因地制宜建设污水处理设施"列入农村人居环境整治提升五年行动,污水治理成为农村环境综合整治的重要内容,是"十四五"时期不得不啃的硬骨头。近年来,农村生活污水治理的顶层设计逐步完善,依托国家系列惠农政策,我国农村特别是相对发达地区农村污水治理取得了一定进展,但问题仍然严重,短板突出,总体上表现为缺钱、缺人、缺技术、缺管理,急需探索一种适用于我国农村发展现状的生活污水治理系统策略,为我国广大农村人居环境改善提供技术支撑。

1.2 管 理 层 面

首先,农村数量众多,排水量相对较小,传统人工运行模式适用性差,对建设和运营模式创新提出更高要求。截至2019年,据我国住房和城乡建设部发布的《2019年城乡建设统计年鉴》数据,我国有51.5万多个行政村和251.3万个自然村,多数村庄的污水量都在几十吨至几百吨之间,千吨级规模的村庄相对较少。过低的设施规模会加大人工成本在运行总成本中的占比,人工运行模式不适用于村庄污水处理,无人值守自动化运行成为必然趋势;过于严苛的农村污水排放标准和剧烈的水质水量波动又意味着需要相对复杂的工艺技术和控制策略,无人值守实现难度较大,对技术人员的管理水平提出更高要求,高标准稳定达标与低运行成本将成为村镇污水处理未来不得不综合平衡的管理难题,也是近年来大量农村污水处理工程中途夭折的重要原因。

其次，农村污水处理普遍面临缺运行经费和缺技术人员的难题。城镇大型污水处理厂的吨水建设成本一般超过 5000 元，吨水运行成本多数接近甚至超过 1 元。不包括管网建设和运维相关费用，小型设施的吨水投资和运行成本会成倍增长。即使实现了设施的无人值守自动化运行，适当配备管道巡查养护和设施检测维修专业技术人员是必要的。我国大部分农村人均收入相对较低，由农民缴纳污水处理设施建设和运行费用存在实施难度。专业技术人员扎根农村缺乏激励机制，专业机构连片运营同样存在难以实现收益的问题，探索建立合理的收益补偿机制是未来研究重点。

1.3　技　术　层　面

首先，村镇项目普遍存在水质水量波动比较大的情况。污水收集和处理设施运维难度大，与城市相比，以平房为主的农村住宅相对分散，厨房厕所和洗浴排水相对分离，农户用水量相对较小并具有明显的分时段排水特征，污水收集管网建设运行难度较大。另外，我国农村人口日常外出务工，节假日返乡的现象比较普遍，农村排水管网和处理设施需要按照返乡人数较多的节假日进行设计，非节假日水量相对较小，更加增大了日常的运维难度。探索适合农村地区，尤其是居住相对分散农村地区的污水收集方式是未来需要研究的课题。

其次，真正意义上实现无人值守自动化运行的高排放标准小型化农村污水处理技术及设备产品不足。虽然农村在占地、周边环境等方面比城市宽松，但相对严苛的排放标准必须配套相对完备的工艺技术和设备产品，大规模城市污水处理厂中遇到的问题，如缠绕物的清理、MBR 膜组件的离线清洗等，同样会出现在农村小型污水处理设施中，甚至会更加突出，也是其一般存在短寿命或无法长期稳定达标的问题。研究建立技术可行、经济合理的农村污水排放标准及相关配套产品是未来需要研究的课题。

1.4　对策技术分析

针对以上农村污水面临的现状问题，结合大量调研、试验研究及工程实施经验总结，从污水收集模式、处理利用模式及运维管理平台三方面进行对策技术分析。

1.4.1 污水收集模式

农村污水收集模式可分为分散收集、集中收集和纳管收集 3 种基本模式。在此基础上将分散收集又可分为基于分散处理、就地处理的分散收集和基于集中处理的分散收集，其中基于集中处理的分散收集一般可采用化粪池+收集罐车的模式实施。在实际工程中应结合村庄布局、人口特征、环境特征、管网铺设条件等情况进行合理选用。污水收集模式可分为重力收集和真空负压收集两种主要模式，需结合具体现状条件优选收集模式。

1.4.2 处理利用模式

（1）分散处理利用模式：适用于环境容量较大、便于就地回用的农村。该处理模式装置规模普遍较小，单台处理规模一般在 $1m^3/d$ 以内。结合污水水质情况可采用物化生化或组合工艺处理厨房排水、洗涤排水、粪便、尿液等。分离收集时，灰水经物化处理后直接回用，黑水经化粪池处理后可实现资源化利用。

（2）集中处理利用模式：适用于已有收集管网或具备建设收集管网条件的地区，人口规模相对较大、分布较为集中的农村。单套处理规模一般在 $20\sim200m^3/d$。可根据场地现状、运输条件等选择单套或多套并联组合。创新研发并应用农村污水治理一体化工艺技术，可满足敏感区域或回用要求高的农村污水一级 A 及更高标准处理回用需求。

1.4.3 运维管理平台

设备的运行维护涵盖线上线下耦合的二维模式。线上线下运维是相互关联、互为保障的关系，线上运维可有效降低线下巡检频率和难度，降低人工成本，线下运维可保障线上运维数据的准确性，并不断为线上运维提供反馈，促进线上运维模式的不断完善。

1.5 管 理 机 制

农村生活污水治理宜采用管理方、企业方和咨询方三方共治的三位一体、可持续管理机制。管理方为地方政府及相关管理部门。企业方为污水治理技术设备及运行管理提供方,咨询方是为管理方提供技术支持,同时对企业方实施客观评估的第三方单位。三方互相监督,有机协调,齐力共管,实现村镇污水处理的长效机制。

2 污水处理工艺

2.1 初级处理技术

2.1.1 农村污水水质指标

排放标准参照《城镇污水处理厂污染物排放标准》（GB 18918—2002）的一级 A/B 标准及《农田灌溉水质标准》（GB 5084—2021）。相对比，农村生活污水的 pH 值无需经任何处理，即可满足前一项标准。

农村生活污水水质与地理环境、经济发展水平、生活习惯等多种因素有关，不同时段的水质也略有不同。与城市污水相比，农村生活污水水质波动大，污水化学需氧量（COD）、氮磷等营养物含量较低，可生化性好，重金属和有毒物质含量低，有机物的浓度较低，属于中低浓度生活污水。

COD 总体平均值为 188mg/L，变化范围在 46～408mg/L；BOD_5 总体平均值为 66.5mg/L，变化范围在 4.9～188mg/L；TN 的总体平均值为 21.2mg/L，变化范围在 7.30～66.7mg/L；NH_3-N 的总体平均值为 11.8mg/L，变化范围在 1.50～49.1mg/L；TP 总体平均值为 1.78mg/L，变化范围在 0.44～3.56mg/L；pH 值总体平均值为 7.69，变化范围在 6.82～8.51，满足一级 A 排放标准的 6～9 范围，也基本满足农田灌溉标准的 5.5～8.5。

碳氮比值<4，有 1 个采样点的 BOD_5/TP<20；可见，农村生活污水虽然具备可生化性，但由于有机污染物含量低，容易出现低碳氮比，有时也存在低碳磷比的水质特征。

农村污水处理设施的设计在充分考虑当地排放标准的同时，应综合考虑最终接受水体的自净能力或污水再生用途，因地制宜研究当地农村污水的水质特点、技术水平、经济条件、管理能力，最终科学合理地实施污水排放标准。

基于上述农村生活污水 pH 值基本满足农田灌溉标准、有机污染物含量不高

（污水未经处理，COD 与 BOD$_5$ 均值 188mg/L 与 66.5mg/L 均已小于农田灌溉旱作标准的限值 200mg/L 与 100mg/L），但大多具有低碳氮比即 BOD$_5$/TN 小于 4 的水质特征，建议对于城市周边农村地区中人口密二类农村，生活污水治理不宜简单套用城市污水厂处理工艺以及一级 A 的处理标准，否则为了达标需人工添加碳源而增加处理成本与风险；建议周边农村地区中第二类农村以农灌标准为处理目标，简单采用 LID 型排水沟渠、人工快渗系统、人工湿地等生态措施进行生态处理后回灌于农田。

2.1.2 农村污水初级处理技术

国内现有的适用于污水分散处理的主要技术主要分为初级处理工艺和主体处理工艺。初级处理工艺包括化粪池、沉淀池等，主要用于去除部分 SS；主体处理工艺包括人工湿地、稳定塘、曝气池、生物滤池、膜反应器等，主要用于去除 COD、SS 或 N、P。每种技术都有优缺点和适用范围，自然系统相对人工系统造价低，运行管理方便，能耗低，但是受气候条件和土地面积的限制，且出水水质不如人工系统；人工系统建造方便，投入使用快，见效快，节省占地面积，但缺少灵活性，维修相对麻烦。自然生态系统中，人工湿地和稳定塘几乎无动力成本，运行管理简单，但占地面积大，处理负荷低，生态平衡较脆弱，氮磷过度流入极易造成富营养化；生物膜法和曝气生物滤池污泥产量少，系统结构简单，但出水水质不稳定且有臭味问题。人工系统中，膜生物反应器较之传统工艺出水水质好，污水可再生回用，占地面积小，但是运行管理费用高。可见，选择污水分散处理技术时，要符合当地的特点，充分利用当地优势，根据不同的处理目的和实际情况，因地制宜选择适宜的污水处理工艺。

传统初级处理工艺化粪池、沉淀池均为单格式，存在诸多问题。化粪池是净化含有人畜粪便污水的设施，由若干单元构成，单元间用管或孔连通，每个处理单元称为一格，一般为 2 格或 3 格串联工作。其主要有 3 个功能：（1）通过沉淀进行固液分离，液体经净化后排出，固体留存池内；（2）通过厌氧发酵降低有机物浓度；（3）利用厌氧环境杀灭寄生虫卵及病菌，最终达到粪便无害化的目的。传统化粪池的每一格为水平排列，上部直接与空气接触，有 4 个弊端：（1）固体悬浮物漂浮在池子上部，不能下沉得到分解，同时占用化粪池的有效容积；（2）由于污水成分的复杂性，每格之间的连通孔很容易被异物堵塞；（3）产生的沼气不能收集利用，直排到大气中造成空气污染；（4）化粪池端还未完全无害化处理的污泥在清理时会被一起运走，污染环境。

上下格化粪池在文献《沼气池引射循环系统优势与构建》中已进行了介绍，若再作进一步改进，增加污泥床，可在农村污水处理中得到进一步的应用。

2.2　物理处理单元

2.2.1　格栅

格栅用于去除废水中较大的悬浮物、漂浮物、纤维物质和固体颗粒物质，以保证后续处理单元和水泵的正常运行，减轻后续处理单元的处理负荷，防止阻塞排泥管道。

2.2.1.1　设计参数及规定

（1）水泵前格栅栅条间隙应根据水泵要求确定。

（2）污水处理系统前格栅栅条间隙应符合：1）人工清除 25~40mm；2）机械清除 16~25mm；3）最大间隙 40mm。污水处理厂亦可设置粗细两道格栅，粗格栅栅条间隙 50~150mm。

（3）如水泵前格栅间隙不大于 25mm，污水处理系统前可不再设置格栅。

（4）栅渣量与地区的特点、格栅的间隙大小、污水流量以及下水道系统的类型等因素有关。在无当地运行资料时，可采用：1）格栅间隙 16~25mm，$0.10~0.05m^3/10^3m^3$（栅渣/污水）；2）格栅间隙 30~50mm，$0.03~0.01m^3/10^3m^3$（栅渣/污水）。栅渣的含水率一般为 80%，容重约为 $960kg/m^3$。

（5）在大型污水处理厂或泵站前的大型格栅（每日栅渣量大于 $0.2m^3$），一般应采用机械清渣。

（6）机械格栅不宜少于 2 台，如为 1 台时应设人工清除格栅备用。

（7）过栅流速一般采用 0.6~1.0m/s。俄罗斯规范为 0.8~1.0m/s，日本指南为 0.45m/s，美国手册为 0.6~1.2m/s，法国手册为 0.6~1.0m/s。

（8）格栅前渠道内水流速度一般采用 0.4~0.9m/s。

（9）格栅倾角一般采用 45°~75°。日本指南为人工清除 45°~60°，机械清除 70°左右；美国手册为人工清除 30°~45°，机械清除 40°~90°；我国国内一般采用 60°~70°。

（10）通过格栅水头损失一般采用 0.08~0.15m。

（11）格栅间必须设置工作台，台面应高出栅前最高设计水位0.5m。工作台上应有安全设施和冲洗设施。

（12）格栅间工作台两侧过道宽度不应小于0.7m。工作台正面过道宽度：1）人工清除不应小于1.2m；2）机械清除不应小于1.5m。

（13）机械格栅的动力装置一般宜设在室内，或采取其他保护设备的措施。

（14）设置格栅装置的构筑物，必须考虑设有良好的通风设施。

（15）格栅间内应安设吊运设备，以进行格栅及其他设备的检修和栅渣的日常清除。

2.2.1.2 格栅的计算公式

格栅计算尺寸如图2-1所示。格栅计算公式见表2-1。

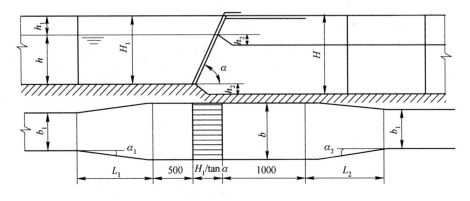

图 2-1 格栅计算尺寸

表 2-1 格栅计算公式

名 称	公 式	符 号 说 明
栅槽宽度 B/m	$B = S(n-1) + bn$ $n = \dfrac{Q_{\max}\sqrt{\sin\alpha}}{bhv}$ ①	S——栅条宽度，m； b——栅条间隙，m； n——栅条间隙数，个； $Q_{\max}$——最大设计流量，m^3/s； α——格栅倾角，(°)； h——栅前水深，m； v——过栅流速，m/s

名　称	公　式	符号说明
通过格栅的水头损失 h_1/m	$h_1 = h_0 k$ $h_0 = \xi \dfrac{v^2}{2g} \sin\alpha$	h_0——计算水头损失，m； g——重力加速度，m/s^2； k——系数，格栅受污物堵塞时水头损失增大倍数，一般采用 3； ξ——阻力系数，其值与栅条断面形状有关，可按表 2-2 计算
栅后槽总高度 H/m	$H = h_0 + h_1 + h_2$	h_2——栅前渠道超高，m，一般采用 0.3m
栅槽总长度 L/m	$L = l_1 + l_2 + 1.0 + 0.5 + \dfrac{H_1}{\tan\alpha}$ $l_1 = \dfrac{B - B_1}{2\tan\alpha_1}$ $l_2 = \dfrac{l_1}{2}$ $H_1 = h + h_2$	l_1——进水渠道渐宽部分的长度，m； B_1——进水渠宽，m； α_1——进水渠道渐宽部分的展开角度，(°)，一般可采用 20°； l_2——栅槽与出水渠道连接处的渐窄部分长度，m； H_1——栅前渠道深，m
每日栅渣量 $W/\text{m}^3 \cdot \text{d}^{-1}$	$W = \dfrac{86400 Q_{\max} W_1}{1000 K_z}$	W_1——栅渣量，m^3/10^{3}m^3（污水），格栅间隙为 16~25mm 时，$W_1 = 0.10 \sim 0.05\text{m}^3/10^3\text{m}^3$（污水）；格栅间隙为 30~50mm 时，$W_1 = 0.03 \sim 0.01\text{m}^3/10^3\text{m}^3$（污水）； K_z——生活污水流量总变化系数

① $\sqrt{\sin\alpha}$ 为考虑格栅倾角的经验系数。

表 2-2　阻力系数 ξ 计算公式

栅条断面形状	公　式		说　明
锐边矩形	$\xi = \beta \left(\dfrac{S}{b} \right)^{\frac{4}{3}}$	形状系数	$\beta = 2.42$
迎水面为半圆形的矩形			$\beta = 1.83$
圆形			$\beta = 1.79$
迎水、背水面均为半圆形的矩形			$\beta = 1.67$
正方形	$\xi = \beta \left(\dfrac{b+S}{\varepsilon b} - 1 \right)^2$	ε——收缩系数，一般采用 0.64	

【例题 2-1】 已知某城市污水处理厂的最大设计污水量 $Q_{max} = 0.2\,\mathrm{m^3/s}$，总变化系数 $K_z = 1.50$，求格栅各部分尺寸。

解： 格栅计算草图如图 2-1 所示。

（1）栅条的间隙数（n）。设栅前水深 $h = 0.4\,\mathrm{m}$，过栅流速 $v = 0.9\,\mathrm{m/s}$，栅条间隙宽度 $b = 0.021\,\mathrm{m}$，格栅倾角 $\alpha = 60°$，则有：

$$n = \frac{Q_{max}\sqrt{\sin\alpha}}{bhv} = \frac{0.2\sqrt{\sin 60°}}{0.021 \times 0.4 \times 0.9} \approx 26 \text{ 个} \qquad (2\text{-}1)$$

（2）栅槽宽度（B）。设栅条宽度 $S = 0.01\,\mathrm{m}$，则有：

$$B = S(n-1) + bn = 0.01 \times (26-1) + 0.021 \times 26 = 0.8\,\mathrm{m}$$

（3）进水渠道渐宽部分的长度。设进水渠宽 $B_1 = 0.65\,\mathrm{m}$，其渐宽部分展开角度 $\alpha_1 = 20°$（进水渠道内的流速为 $0.77\,\mathrm{m/s}$），则有：

$$l_1 = \frac{B - B_1}{2\tan\alpha_1} = \frac{0.8 - 0.65}{2 \times \tan 20°} \approx 0.22\,\mathrm{m}$$

（4）栅槽与出水渠道连接处的渐窄部分长度（l_2）：

$$l_2 = \frac{l_1}{2} = \frac{0.22}{2} = 0.11\,\mathrm{m}$$

（5）通过格栅的水头损失（h_1）。设栅条断面为锐边矩形断面，则有：

$$h_1 = \beta \left(\frac{S}{b} \right)^{\frac{4}{3}} \times \frac{v^2}{2g}\sin\alpha \times k = 2.42 \times \left(\frac{0.01}{0.021} \right)^{\frac{4}{3}} \times \frac{0.9^2}{19.6} \times \sin 60° \times 3 = 0.097\,\mathrm{m}$$

（6）栅后槽总高度（H）。设栅前渠道超高 $h_2 = 0.3\,\mathrm{m}$，则有：

$$H = h + h_1 + h_2 = 0.4 + 0.097 + 0.3 \approx 0.8\text{m}$$

（7）栅槽总长度（L）：

$$L = l_1 + l_2 + 1.0 + 0.5 + \frac{H_1}{\tan\alpha} = 0.22 + 0.11 + 0.5 + 1.0 + \frac{0.4 + 0.3}{\tan 60°} = 2.24\text{m}$$

（8）每日栅渣量（W）。在格栅间隙为 21mm 的情况下，设栅渣量为每 1000m³ 污水产 0.07m³，则有：

$$W = \frac{86400 Q_{max} W_1}{1000 K_z} = \frac{86400 \times 0.2 \times 0.07}{1000 \times 1.5} = 0.8\text{m}^3/\text{d}$$

因 $W > 0.2\text{m}^3/\text{d}$，所以宜采用机械清渣。

2.2.2 沉砂池

沉砂池的作用是从废水中分离出密度较大的无机颗粒。它一般设在污水处理厂前端，保护水泵和管道免受磨损，缩小污泥处理构筑物容积，提高污泥有机组分的含量，提高污泥作为肥料的价值。

沉砂池的类型，按池内水流方向的不同，可以分为平流式沉砂池、竖流式沉砂池、曝气沉砂池、钟式沉砂池和多尔沉砂池。

2.2.2.1 沉砂池设计计算一般规定

（1）城市污水处理厂一般均应设置沉砂池。

（2）沉砂池按去除相对密度 2.65、粒径 0.2mm 以上的砂粒设计。

（3）设计流量应按分期建设考虑：1）当污水为自流进入时，应按每期的最大设计流量计算；2）当污水为提升进入时，应按每期工作水泵的最大组合流量计算；3）在合流制处理系统中，应按降雨时的设计流量计算。

（4）沉砂池个数或分格数不应少于 2，并宜按并联系列设计。当污水量较小时，可考虑 1 格工作，1 格备用。

（5）城市污水的沉砂量可按 10^6m^3 污水沉砂 30m³ 计算，其含水率为 60%，容重为 1500kg/m³；合流制污水的沉砂量应根据实际情况确定。

（6）砂斗容积应按不大于 2 的沉砂量计算，斗壁与不平面的倾角不应小于 55°。

（7）除砂一般宜采用机械方法，并设置贮砂池或晒砂场。采用人工排砂时，排砂管直径不应小于 200mm。

（8）当采用重力排砂时，沉砂池和贮砂池应尽量靠近，以缩短排砂管长度，并设排砂闸门于管的首端，使排砂管畅通和易于养护管理。

（9）沉砂池的超高不宜小于 0.3m。

2.2.2.2　平流式沉砂池

平流式沉砂池是常用的形式，污水在池内沿水平方向流动。平流式沉砂池由入流渠、出流渠、闸板、水流部分及沉砂斗组成，如图 2-2 所示。它具有截留无机颗粒效果较好、工作稳定、构造简单和排沉砂方便等优点。

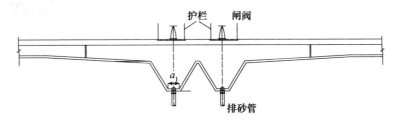

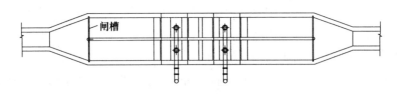

图 2-2　沉砂池

（1）设计参数：

1）最大流速为 0.3m/s，最小流速为 0.15m/s；

2）最大流量时停留时间不小于 30s，一般采用 30~60s；

3）有效水深应不大于 1.2m，一般采用 0.25~1m；每格宽度不宜小于 0.6m；

4）进水头部应采取消能和整流措施；

5）池底坡度一般为 0.01~0.02，当设置除砂设备时，可根据设备要求考虑池底形状。

（2）计算公式：当无砂粒沉降资料时，可按表 2-3 计算。

表 2-3　计算公式

名　称	公　式	符 号 说 明
长度 L/m	$L = vt$	v——最大设计流量时的流速，m/s； t——最大设计流量时的流行时间，s
水流断面面积 A/m^2	$A = \dfrac{Q_{max}}{v}$	Q_{max}——最大设计流量，m^3/s

名　称	公　式	符号说明
池总宽度 B/m	$B = \dfrac{A}{h_2}$	h_2——设计有效水深，m
沉砂室所需容积 V/m^3	$V = \dfrac{Q_{\max} XT \times 86400}{K_z \times 10^6}$	X——城市污水沉砂量，$\text{m}^3/10^6 \text{m}^3$（污水），一般采用 $30\text{m}^3/10^6 \text{m}^3$； T——清除沉砂的间隔时间，d； K_z——生活污水流量总变化系数
池总高度 H/m	$H = h_1 + h_2 + h_3$	h_1——超高，m； h_3——沉砂室高度，m
验算最小流速 $v_{\min}/\text{m} \cdot \text{s}^{-1}$	$v_{\min} = \dfrac{Q_{\min}}{n_1 A_{\min}}$	$Q_{\min}$——最小流量，m^3/s； n_1——最小流量时工作的沉砂池数目，个； $A_{\min}$——最小流量时沉砂池中的水流断面积，m^2

当有砂粒沉降资料时，可按表 2-4 计算。

表 2-4　计算公式

名　称	公　式	符号说明
水面面积 F/m^2	$F = \dfrac{Q_{\max}}{u}$ $u = \sqrt{u_0^2 - \omega^2}$ $\omega = 0.05v$	v——水平流速，m/s； $Q_{\max}$——最大设计流量，m^3/s； n——沉砂池数目，个； ω——水流垂直分速度，mm/s； u——砂粒平均沉降速度，mm/s； u_0——水温15℃时砂粒在静水压力下的沉降速度，mm/s，可按表 2-5 选用
水流断面面积 A/m^2	$A = \dfrac{Q_{\max}}{v} \times 1000$	
池总宽度 B/m	$B = \dfrac{A}{h_2}$	
设计有效水深 h_2/m	$h_2 = \dfrac{uL}{v}$	
池的长度 L/m	$L = \dfrac{F}{B}$	
单个沉砂池宽度 b/m	$b = \dfrac{B}{n}$	

表 2-5 u_0 值

砂粒径/mm	0.20	0.25	0.30	0.35	0.40	0.50
$u_0/\text{mm} \cdot \text{s}^{-1}$	18.7	24.2	29.7	35.1	40.7	51.6

【例题 2-2】 已知某城市污水处理厂的最大设计流量为 0.2m³/s,最小设计流量为 0.1m³/s,总变化系数 $K_z = 1.50$,求沉砂池各部分尺寸。

解:见图 2-2。

(1) 长度 (L)。设 $v = 0.25$m/s,$t = 30$s,则有:

$$L = vt = 0.25 \times 30 = 7.5m$$

(2) 水流断面积 (A):

$$A = \frac{Q_{\max}}{v} = \frac{0.2}{0.25} = 0.8m^2$$

(3) 池总宽度 (B)。设 $n = 2$,每格宽 $b = 0.6$m,则有:

$$B = nb = 2 \times 0.6 = 1.2m$$

(4) 有效水深 (h_2):

$$h_2 = \frac{A}{B} = \frac{0.8}{1.2} = 0.67m$$

(5) 沉砂斗所需容积 (V)。设 $T = 2d$,则有:

$$V = \frac{Q_{\max} XT \times 86400}{K_z \times 10^6} = \frac{0.2 \times 30 \times 2 \times 86400}{1.5 \times 10^6} = 0.6m^3$$

(6) 每个沉砂斗容积 (V_0)。设每一分格有 2 个沉砂斗,则有:

$$V_0 = \frac{0.69}{2 \times 2} = 0.17m^3$$

(7) 沉砂斗各部分尺寸。设斗底宽 $a_1 = 0.5$m,斗壁与水平面的倾角为 55°,斗高 $h_3' = 0.35$m,则沉砂斗上口宽为:

$$a = \frac{2h_3'}{\tan 55°} + a_1 = \frac{2 \times 0.35}{\tan 55°} + 0.5 = 1.0m$$

沉砂斗容积为:

$$V_0 = \frac{h_3'}{6}(2a^2 + 2aa_1 + 2a_1^2) = \frac{0.35}{6} \times (2 \times 1^2 + 2 \times 1 \times 0.5 + 2 \times 0.5^2) = 0.2m^3$$

(8) 沉砂室高度 (h_3)。采用重力排砂,设池底坡度为 0.06,坡向砂斗,则有:

$$h_3 = h_3' + 0.06l_2 = 0.35 + 0.06 \times 2.65 = 0.51\text{m}$$

（9）池总高度（H）。设超高 $h_1 = 0.3\text{m}$，则有：

$$H = h_1 + h_2 + h_3 = 0.3 + 0.67 + 0.51 = 1.48\text{m}$$

（10）验算最小流速（v_{min}）。在最小流量时，只用1格工作（$n_1 = 1$），则有：

$$v_{min} = \frac{Q_{min}}{n_1 A_{min}} = \frac{0.1}{1 \times 0.6 \times 0.67} = 0.25\text{m/s} > 0.15\text{m/s}$$

日本设计指南采用水面积负荷法计算，并规定污水沉砂池为 $75\text{m}^3/(\text{m}^2 \cdot \text{h})$，雨水沉砂池为 $150\text{m}^3/(\text{m}^2 \cdot \text{h})$。平均流速为 0.3m/s，停留时间为 $30 \sim 60\text{s}$。池水深为有效水深与贮砂深之和，与沉砂量、排砂方式及频率有关，一般为有效水深的 $10\% \sim 30\%$，但至少要在 30cm 以上。

2.2.2.3 竖流式沉砂池

竖流式沉砂池是污水由中心管进入池内后自下而上流动，无机物颗粒借重力沉于池底，处理效果一般较差。

（1）设计参数：

1）最大流速为 0.1m/s，最小流速为 0.02m/s；

2）最大流量时停留时间不小于 20s，一般采用 $30 \sim 60\text{s}$；

3）进水中心管最大流速为 0.3m/s。

（2）计算公式：见表2-6。

表2-6　计算公式

名　称	公　式	符　号　说　明
中心管直径 d/m	$d = \sqrt{\dfrac{4Q_{max}}{\pi v_1}}$	v_1——污水在中水管内流速，m/s； Q_{max}——最大设计流量，m^3/s
池子直径 D/m	$D = \sqrt{\dfrac{4Q_{max}(v_1 + v_2)}{\pi v_1 v_2}}$	v_2——池内水流上升速度，m/s
水流部分高度 h_2/m	$h_2 = v_2 t$	t——最大流量时的流行时间，s
沉砂部分所需容积 V/m^3	$V = \dfrac{Q_{max} X T \times 86400}{K_z \times 10^6}$	X——城市污水沉砂量；$\text{m}^3/10^6\text{m}^3$（污水），一般采用 $30\text{m}^3/10^6\text{m}^3$； T——两次清除沉砂相隔的时间，d； K_z——生活污水流量总变化系数

名　称	公　式	符号说明
沉砂部分高度 h_4/m	$h_4 = (R - r)\tan\alpha$	R——池子半径，m； r——圆截锥部分下底半径，m； α——截锥部分倾角，（°）
圆截锥部分实际容积 V_1/m	$V_1 = \dfrac{\pi h_4}{3}(R^2 + Rr + r^2)$	h_4——沉砂池锥底部分高度，m
池总高度 H/m	$H = h_1 + h_2 + h_3 + h_4$	h_1——超高，m； h_3——中心管底至沉砂砂面的距离，m，一般采用 0.25m

2.2.2.4 曝气沉砂池

普通平流沉砂池的主要缺点是沉砂中含有 15% 的有机物，采用曝气沉砂池可以克服这一缺点，使沉砂的后续处理难度降低。图 2-3 所示为曝气沉砂池断面图。池断面呈矩形，池底一侧设有集砂槽；曝气装置设在集砂槽一侧，使池内水流产生与主流垂直的横向旋流；在旋流产生的离心力作用下，密度较大的无机颗粒被甩向外部沉入集砂槽。另外，由于水的旋流运动，增加了无机颗粒之间的相互碰撞与摩擦的机会，把表面附着的有机物除去，使沉砂中的有机物含量低于 10%。曝气沉砂池的优点是通过调节曝气量，可以控制污水的旋流速度，使除砂效率较稳定，受流量变化的影响较小；同时，还对污水起预曝气作用。

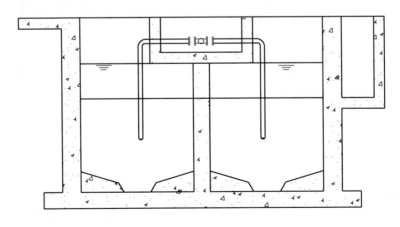

图 2-3 曝气沉砂池

（1）设计参数：

1）旋流速度应保持在 0.25~0.3m/s；

2）水平流速为 0.06~0.12m/s；

3）最大流量时停留时间为 1~3min；

4）有效水深为 2~3m，宽深比一般采用 1~2；

5）长宽比可达 5，当池长比池宽大得多时，应考虑设置横向挡板；

6）1m³ 污水的曝气量为 0.2m³ 空气；

7）空气扩散装置设在池的一侧，距池底 0.6~0.9m，送气管应设置调节气量的闸门；

8）池子的形状应尽可能不产生偏流或死角，在集砂槽附近可安装纵向挡板；

9）池子的进口和出口布置应防止发生短路，进水方向应与池中旋流方向一致，出水方向应与进水方向垂直，并宜考虑设置挡板；

10）池内应考虑设消泡装置。

（2）计算公式：见表2-7。

表 2-7　计算公式

名　　称	公　　式	符　号　说　明
池子总有效容积 V/m^3	$V = Q_{max} t \times 60$	Q_{max}——最大设计流量，m^3/s； t——最大设计流量时的流行时间，min
水流断面积 A/m^2	$A = \dfrac{Q_{max}}{v_1}$	v_1——最大设计流量时的水平流速，m/s，一般采用 0.06~0.12m/s
池总宽度 B/m	$B = \dfrac{A}{h_2}$	h_2——设计有效水深，m
池长 L/m	$L = \dfrac{V}{A}$	
每小时所需空气量 $q/m^3 \cdot h^{-1}$	$q = d Q_{max} \times 3600$	d——1m³ 污水所需空气量，m^3/m^3，一数采用 0.2m³/m³

【例题 2-3】已知某城市污水处理厂的最大设计流量为 0.8m³/s，求曝气沉砂池的各部分尺寸。

解：

（1）池子总有效容积（V）。设 $t = 2\text{min}$，则有：

$$V = Q_{\max}t \times 60 = 0.8 \times 2 \times 60 = 96\text{m}^3$$

（2）水流断面面积（A）。设 $v_1 = 0.1\text{m/s}$，则有：

$$A = \frac{Q_{\max}}{v_1} = \frac{0.8}{0.1} = 8\text{m}^2$$

（3）池总宽度（B）。设 $h_2 = 2\text{m}$，则有：

$$B = \frac{A}{h_2} = \frac{8}{2} = 4\text{m}$$

（4）每格池子宽度（b）。设 $n = 2$，则有：

$$b = \frac{B}{n} = \frac{4}{2} = 2\text{m}$$

（5）池长（L）：

$$L = \frac{V}{A} = \frac{96}{8} = 12\text{m}$$

（6）每小时所需空气量（q）。设 $d = 0.2\text{m}^3/\text{m}^3$，则有：

$$q = dQ_{\max} \times 3600 = 0.2 \times 0.8 \times 3600 = 576\text{m}^3/\text{h}$$

沉砂室计算同平流式沉砂池。

2.2.3 沉淀池

密度大于水的悬浮物在重力作用下从水中分离出去的现象称为沉淀。根据水中杂质颗粒本身的性质及其所处外界条件的不同，沉淀可分为如下几种：

（1）按水流状态分为静水沉淀与动水沉淀。

（2）按投加混凝药剂与否分为自然沉淀与混凝沉淀。

（3）按颗粒受力状态及所处水力学等边界条件分为自由沉淀与拥挤沉淀。

（4）按颗粒本身的物理、化学性状分为团聚稳定颗粒沉淀与团聚不稳定颗粒沉淀。

用于沉淀的处理构筑物称为沉淀池。沉淀池主要去除悬浮于污水中的可以沉淀的固体悬浮物。按在污水处理流程中的位置，沉淀池主要分为初次沉淀池、二次沉淀池和污泥浓缩池，它们的适用条件及设计要点见表2-8。

表 2-8 沉淀池适用条件及设计要点

池型	适用条件	设计要点
初次沉淀池	对污水中以无机物为主体、相对密度大的固体悬浮物进行沉淀分离	（1）考虑沉淀污泥发生腐败，设置刮泥、排泥设备，迅速排除沉泥； （2）考虑可浮悬浮物及污泥上浮，设置浮渣去除设备； （3）表面负荷以 $25\sim50m^3/(m^2\cdot d)$ 为标准，沉淀时间以 1.0~2.0h 为标准； （4）进水端考虑整流措施，采用阻流板、有孔整流壁、圆筒形整流板； （5）采用溢流堰，堰上负荷不大于 $250m^3/(m^2\cdot d)$； （6）长方形池，最大水平流速为 7mm/s； （7）污泥区容积，静水压排泥不大于 2 倍污泥量，机械排泥时考虑 4h 排泥量； （8）排泥静水压大于等于 1.50m
二次沉淀池	对污水中以微生物为主体、相对密度小且因水流作用易发生上浮的固体悬浮物进行沉淀分离	（1）考虑沉淀污泥发生腐败，设置刮泥、排泥设备，迅速排除沉泥； （2）考虑污泥上浮，设置浮渣去除设备； （3）表面负荷为 $20\sim30m^3/(m^2\cdot d)$，沉淀时间为 1.5~3.0h； （4）进水端考虑整流措施，采用阻流板、有孔整流壁、圆筒形整流板； （5）采用溢流堰，堰上负荷不大于 $150m^3/(m^2\cdot d)$； （6）长方形池，最大水平流速为 5mm/s； （7）注意溢流设备的布置，防止污泥上浮出流而使处理水恶化； （8）考虑 SVI 值增高引起的问题； （9）排泥静水压，生物膜法后大于等于 1.20m，曝气池后大于等于 0.9m

池型	适用条件	设 计 要 点
污泥浓缩池	对污水中以剩余污泥为主体、污泥浓度高且间隙中的水分不易排出，易腐败析出气体的剩余污泥进行浓缩沉淀	(1) 考虑沉淀污泥发生腐败，设置排泥设备，迅速排除沉泥； 　　(2) 考虑污泥易析出气体上浮，设置曝气搅动栅； 　　(3) 表面负荷为 $3 \sim 8 m^3/(m^2 \cdot d)$，沉淀时间为 $10 \sim 12h$ 泥缩沉淀； 　　(4) 进水端考虑整流措施，采用阻流板、有孔整流壁、圆筒形整流板； 　　(5) 采用溢流堰，堰上负荷不大于 $100 m^3/(m^2 \cdot d)$； 　　(6) 矩形池，最大上升流速为 $0.2mm/s$； 　　(7) 注意溢流设备的布置，防止污泥上浮出流而使处理水恶化； 　　(8) 排泥静水压 $\geq 2.0m$

　　按水流方向分沉淀池有平流式、竖流式、辐流式、斜流式 4 种形式。每种沉淀池均包含 5 个区，即进水区、沉淀区、缓冲区、污泥区和出水区。沉淀池各种池型的优缺点和适用条件见表 2-9。

表 2-9　各种沉淀池比较

池型	优 点	缺 点	适 用 条 件
平流式	(1) 沉淀效果好； 　　(2) 对冲击负荷和温度变化的适应能力较强； 　　(3) 施工简易，造价较低	(1) 池子配水不易均匀； 　　(2) 采用多斗排泥时，每个泥斗需单独设排泥管各自排泥，操作量大，采用链带式刮泥机排泥时，链带的支承件和驱动件都浸于水中，易锈蚀； 　　(3) 占地面积较大	(1) 适用于地下水位高及地质较差地区； 　　(2) 适用于大、中、小型污水处理厂

池型	优 点	缺 点	适 用 条 件
竖流式	（1）排泥方便，管理简单； （2）占地面积较小	（1）池子深度大，施工困难； （2）对冲击负荷和温度变化的适应能力较差； （3）造价较高； （4）池径不宜过大，否则布水不匀	（1）适用于处理水量不大的小型污水处理厂； （2）常用于地下水位较低时
辐流式	（1）多为机械排泥，运行较好，管理较简单； （2）排泥设备已趋定型	机械排泥设备复杂，对施工质量要求高	（1）适用于地下水位较高地区； （2）适用于大、中型污水处理厂
斜流式	（1）沉淀效率高； （2）池容积小，占地面积小	（1）斜管（板）耗用材料多，且价格较高； （2）排泥较困难； （3）易滋长藻类	（1）适用于旧沉淀池的改建、扩建和挖潜； （2）用地紧张，需要压缩沉淀池面积时； （3）适用于初次沉淀池，不宜用于二次沉淀池

2.2.3.1 一般规定

（1）设计流量应按分期建设考虑：1）当污水为自流进入时，应按每期的最大设计流量计算；2）当污水为提升进入时，应按每期工作水泵的最大组合流量计算；3）在合流制处理系统中，应按降雨时的设计流量计算，沉淀时间不宜小于 30min。

（2）沉淀池的个数或分格数不应小于 2 个，并宜按并联系列考虑。

（3）当无实测资料时，城市污水沉淀池的设计数据可参照表 2-10 选用。

表 2-10 城市污水沉淀池设计数据

类别	沉淀池位置	沉淀时间/h	表面负荷/m³·(m²·h)⁻¹	污泥量（干物质）/g·(人·d)⁻¹	污泥含水率/%	固体负荷/kg·(m²·d)⁻¹	堰口负荷/L·(s·m)⁻¹
初次沉淀池	单独沉淀池	1.5~2.0	1.5~2.5	15~17	95~97		≤2.9
	二级处理前	1.0~2.0	1.5~3.0	14~25	95~97		≤2.9
二次沉淀池	活性污泥法后	1.5~2.5	1.0~1.5	10~21	99.2~99.6	≤150	≤1.7
	生物膜法后	1.5~2.5	1.0~2.0	7~19	96~98	≤150	≤1.7

（4）池子的超高至少采用 0.3m。

（5）沉淀池的有效水深 H、沉淀时间 t 与表面负荷 q 的关系见表 2-11。当表面负荷有定额时，有效水深与沉淀时间之比亦为定值，即 $H/t=q$。一般沉淀时间不小于 1h，有效水深多采用 2~4m，对辐流沉淀池指池边水深。

表 2-11 有效水深、沉淀时间与表面负荷关系

表面负荷 q/m³·(m²·h)⁻¹	沉淀时间 t/h				
	$H=2.0$m	$H=2.5$m	$H=3.0$m	$H=3.5$m	$H=4.0$m
3.0			1.0	1.17	1.33
2.5		1.0	1.2	1.4	1.6
2.0	1.0	1.25	1.5	1.75	2.0
1.5	1.33	1.67	2.0	2.33	2.67
1.0	2.0	2.5	3.0	3.5	4.0

（6）沉淀池的缓冲层高度一般采用 0.3~0.5m。

（7）污泥斗的斜壁与水平面的倾角，方斗不宜小于 60°，圆斗不宜小于 55°。

（8）排泥管直径不应小于 200mm。

（9）沉淀池的污泥，采用机械排泥时可连续排泥或间歇排泥。不用机械排

泥时应每日排泥，初次沉淀池的静水头不应小于 1.5m；二次沉淀池的静水头，生物膜法后不应小于 1.2m，曝气池后不应小于 0.9m。

（10）采用多斗排泥时，每个泥斗均应设单独的闸阀和排泥管。

1）当每组沉淀池有 2 个池以上时，为使每个池的入流量均等，应在入流口设置调节阀门，以调整流量。

2）当采用重力排泥时，污泥斗的排泥管一般采用铸铁管，其下端伸入斗内，顶端敞口，伸出水面，以便于疏通。在水面以下 1.5~2.0m 处，由排泥管接出水平排出管，污泥借静水压力由此排出池外。

3）进水管有压力时，应设置配水井，进水管应由池壁接入，不宜由井底接入，且应将进水管的进口弯头朝向井底。

4）初次沉淀池的污泥区容积，宜按不大于 2d 的污泥量计算。曝气池后的二次沉淀池污泥区容积，宜按不大于 2h 的污泥量计算，并应有连续排泥措施。机械排泥的初次沉淀池和生物膜法处理后的二次沉淀池污泥区容积，宜按 4h 的污泥量计算。

2.2.3.2 平流式沉淀池

（1）设计参数与数据：

1）每格长度与宽度之比不小于 4，长度与深度之比采用 8~12。

2）采用机械排泥时，宽度根据排泥设备确定。

3）池底纵坡一般采用 0.01~0.02；采用多斗时，每斗应设单独排泥管及排泥闸阀，池底横向坡度采用 0.05。

4）刮泥机的行进速度为 0.3~1.2m/min，一般采用 0.6~0.9m/min。

5）一般按表面负荷计算，按水平流速校核。最大水平流速：初沉池为 7mm/s；二沉池为 5mm/s。

6）进出口处应设置挡板，高出池内水面 0.1~0.15m。挡板淹没深度：进口处视沉淀池深度而定，不小于 0.25m，一般为 0.5~1.0m；出口处一般为 0.3~0.4m。挡板位置：距进水口为 0.5~1.0m，距出水口为 0.25~0.5m。

7）泄空时间不超过 6h，放空管直径 d 可按式（2-2）计算：

$$d = \sqrt{\frac{0.7BLH^{1/2}}{t}} \tag{2-2}$$

式中　B——池宽，m；

　　　L——池长，m；

H——池内平均水深，m；

t——泄空时间，s。

8）水池进水端用花墙配水时，花墙距进水端池壁的距离应不小于 1~2m，开孔总面积为过水断面积的 6%~20%。平流式沉淀池结构如图 2-4 所示。

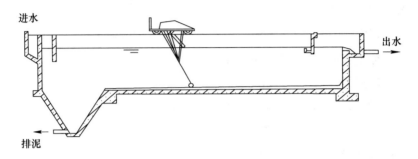

图 2-4 平流式沉淀池结构示意图

（2）计算公式：平流式沉淀池计算过程及公式见表 2-12。

表 2-12 计算公式

名 称	公 式	符 号 说 明
池子总表面积 A/m^2	$A = \dfrac{Q_{max} \times 3600}{q}$	Q_{max}——最大设计流量，m^3/s； q——表面负荷，$m^3/(m^2 \cdot h)$
沉淀部分有效水深 h/m	$h = qt$	t——沉淀时间，h
沉淀部分有效容积 V'/m^3	$V' = Q_{max}t \times 3600$ 或 $V' = Ah_2$	
池长 L/m	$L = vt \times 3.6$	v——最大设计流量时的水平流速，mm/s
池子总宽度 B/m	$B = A/L$	
池子个数（或分格数）$n/$个	$n = B/b$	n——每个池子（或分格）宽度，m

名　称	公　式	符　号　说　明
污泥部分所需的容积 V/m^3	$V=\dfrac{SNT}{1000}$ $V=\dfrac{Q_{\max}(C_1-C_2)86400T\times100}{K_z\gamma(100-p_0)}$	S——每人每日污泥量，$\mathrm{L/(人\cdot d)}$，一般采用 $0.3\sim0.8\mathrm{L/(人\cdot d)}$； N——设计人口数，人； T——两次清除污泥间隔时间，d； C_1——进水悬浮物浓度，$\mathrm{t/m^3}$； C_2——出水悬浮物浓度，$\mathrm{t/m^3}$； K_z——生活污水量总变化系数； γ——污泥容重，$\mathrm{t/m^3}$，取$1.0\mathrm{t/m^3}$； p_0——污泥含水率，%
池子总高度 H/m	$H=h_1+h_2+h_3+h_4$	h_1——超高，m； h_3——缓冲层高度，m； h_4——污泥部分高度，m
污泥斗容积 V_1/m^3	$V_1=\dfrac{1}{3}h_4''(f_1+f_2+\sqrt{f_1f_2})$	f_1——斗上口面积，$\mathrm{m^2}$； f_2——斗下口面积，$\mathrm{m^2}$； h_4''——泥斗高度，m
污泥斗以上梯形部分污泥容积 V_2/m^3	$V_2=\dfrac{l_1+l_2}{2}h_4'b$	l_1——梯形上底长，m； l_2——梯形下底长，m； h_4'——梯形的高度，m

【例题2-4】某城市污水处理最大设计流量为43200$\mathrm{m^3/d}$，设计人口为250000人，沉淀时间为1.50h，采用链带式刮泥机，求沉淀池各部分尺寸。

解：

（1）池子总表面积。设表面负荷 $q=2.0\mathrm{m^3/(m^2\cdot h)}$，设计流量为0.5$\mathrm{m^3/s}$，则有：

$$A=\frac{Q_{\max}\times3600}{2}=\frac{0.5\times3600}{2}=900\mathrm{m^2} \tag{2-3}$$

（2）沉淀部分有效水深：

$$h=q\times1.5=2.0\times1.5=3\mathrm{m}$$

（3）沉淀部分有效容积：

$$V' = Q_{max} \times t \times 3600 = 0.5 \times 1.5 \times 3600 = 2700m^3$$

（4）池长。设水平流速 $v = 3.70mm/s$，则有：

$$L = vt \times 3.6 = 3.7 \times 1.5 \times 3.6 = 20m$$

（5）池子总宽度：

$$B = A/L = \frac{900}{20} = 45m$$

（6）池子个数。设每个池子宽 4.5m，则有：

$$n = B/b = 45/4.5 = 10 \text{ 个}$$

（7）校核长宽比：

$$L/b = 20/4.5 = 4.4 > 4.0(\text{符合要求})$$

（8）污泥部分需要的总容积。设 $T = 2.0d$ 污泥量为 $25g/(\text{人} \cdot d)$，污泥含水率为 95%，则有：

$$S = \frac{25 \times 100}{(100 - 95) \times 1000} = 0.5L/(\text{人} \cdot d)$$

$$V = \frac{SNT}{1000} = \frac{0.5 \times 250000 \times 2.0}{1000} = 250m^3$$

（9）每格池污泥所需容积：

$$V'' = \frac{V}{n} = \frac{250}{10} = 25m^3$$

（10）污泥斗容积。采用污泥斗尺寸见图 2-5，则有：

$$V_1 = \frac{1}{3}h''_4(f_1 + f_2 + \sqrt{f_1 f_2})$$

$$h''_4 = \frac{4.5 - 0.5}{2}\tan60° = 3.46m$$

$$V_1 = \frac{1}{3} \times 3.46 \times (4.5 \times 4.5 + 0.5 \times 0.5 + \sqrt{4.5^2 + 0.5^2}) = 26m^3$$

（11）污泥斗以上梯形部分污泥容积：

$$V_2 = \frac{l_1 + l_2}{2}h'_4 b$$

$$h'_4 = (20 + 0.3 - 4.5) \times 0.01 = 0.158m$$

$$l_1 = 20 + 0.3 + 0.5 = 20.80m$$

$$l_2 = 4.5\text{m}$$

$$V_2 = \frac{20.8 + 4.5}{2} \times 0.158 \times 4.5 = 9.0\text{m}^3$$

（12）污泥斗和梯形部分污泥容积：

$$V_1 + V_2 = 26 + 9 = 35.00\text{m}^3 > 25\text{m}^3$$

（13）池子总高度。设缓冲层高度 $h_3 = 0.50\text{m}$，则有：

$$H = h_1 + h_2 + h_3 + h_4$$

$$h_4 = h_4' + h_4'' = 0.158 + 3.46 = 3.62\text{m}$$

$$H = 0.3 + 3.0 + 0.5 + 3.62 = 7.42\text{m}$$

计算结果见图 2-5。

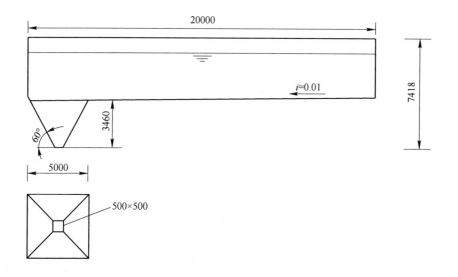

图 2-5　沉淀池及污泥斗工艺计算结果

2.2.3.3　竖流式沉淀池

（1）设计数据：

1）池子直径（或正方形的一边）与有效水深之比不大于 3.0。池子直径不宜大于 8.0m，一般采用 4.0~7.0m，最大可达 10m。

2）中心管内流速不大于 30mm/s。

3）中心管下口应设有喇叭口和反射板（见图 2-6），反射板板底距泥面至少 0.3m；喇叭口直径及高度为中心管直径的 1.35 倍；反射板的直径为喇叭口直径的 1.30 倍，反射板表面与水平面的倾角为 17°；中心管下端至反射板表面之间的缝隙高在0.25~0.50m范围内时，缝隙中污水流速在初次沉淀池中不大于30mm/s，在二次沉淀池中不大于20mm/s。

4）当池子直径（或正方形的一边）小于7.0m时，澄清污水沿周边流出；当直径$D \geqslant 7.0$m时应增设辐射式集水支渠。

5）排泥管下端距池底不大于0.20m，管上端超出水面不小于0.40m。

6）浮渣挡板距集水槽0.25~0.5m，高出水面0.1~0.15m；淹没深度0.3~0.40m。

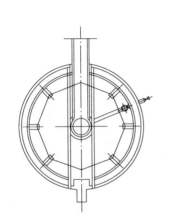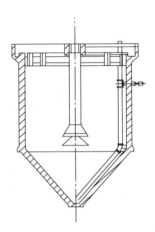

图2-6 竖流式沉淀池

（2）计算公式：见表2-13。

表2-13 计算公式

名　称	公　式	符号说明
中心管面积f/m^2	$f = \dfrac{q_{max}}{v_0}$	q_{max}——每池最大设计流量，m^3/s； v_0——中心管内流速，$\mathrm{m/s}$；
中心管直径d_0/m	$d_0 = \sqrt{\dfrac{4f}{\pi}}$	v_1——污水由中心管喇叭口与反射板之间缝隙的流出速度，$\mathrm{m/s}$； d_1——喇叭口直径，m；
中心管喇叭口与反射板之间的缝隙高度h_3/m	$h_3 = \dfrac{q_{max}}{v_1 \pi d_1}$	v——污水在沉淀池中流速，$\mathrm{m/s}$； t——沉淀时间，h； S——每人每日污泥量，$\mathrm{L/（人 \cdot d）}$，一般采用0.3~0.8$\mathrm{L/（人 \cdot d）}$；

名　称	公　式	符 号 说 明
沉淀部分有效断面积 F/m^2	$F = \dfrac{q_{max}}{v}$	N——设计人口数；
沉淀池直径 D/m	$D = \sqrt{\dfrac{4(F+f)}{\pi}}$	T——两次清除污泥相隔时间，d； C_1——进水悬浮物浓度，t/m^3； C_2——出水悬浮物浓度，t/m^3； K_z——生活污水流量总变化系数；
沉淀部分有效水深 h_2/m	$h_2 = vt \times 3600$	γ——污泥容量，t/m^3，约为 $1t/m^3$； p_0——污泥含水率，%；
沉淀部分所需总容积 V/m^3	$V = \dfrac{SNT}{1000}$ $V = \dfrac{q_{max}(C_1 - C_2)T \times 86400}{\dfrac{K_z\gamma(100 - p_0)}{100}}$	h_1——超高，m； h_4——缓冲层高，m； h_5——污泥室圆截锥部分的高度，m；
圆截锥部分容积 V_1/m^3	$V_1 = \dfrac{\pi h_5}{3}(R^2 + Rr + r^2)$	R——圆截锥上部半径，m； r——圆截锥下部半径，m
沉淀池总高度 H/m	$H = h_1 + h_2 + h_3 + h_4 + h_5$	

【例题 2-5】竖流式沉淀池的计算。已知条件：某城市设计人口 $N = 60000$ 人，设计最大污水量 $Q_{max} = 0.13m^3/s$。

解：

（1）设中心管内流速 $v_0 = 0.03m/s$，采用池数 $n = 4$，则每池最大设计流量为：

$$q_{max} = \frac{Q_{max}}{n} = \frac{0.13}{4} = 0.0325m^3/s$$

$$f = \frac{q_{max}}{v_0} = \frac{0.0325}{0.03} = 1.08m^2$$

（2）沉淀部分有效端面积（A）。设表面负荷 $q = 2.52m^3/(m^2 \cdot h)$，则上升流速为：

$$v = v_0 = 2.52m/h = 0.0007m/s$$

$$A = \frac{q_{max}}{v} = \frac{0.0325}{0.0007} = 46.43m^2$$

（3）沉淀池直径（D）：

$$D = \sqrt{\frac{4(A+f)}{\pi}} = \sqrt{\frac{4 \times (46.43 + 1.08)}{\pi}} = 7.8\text{m} < 8\text{m}$$

(4) 沉淀池有效水深 (h_2)。设沉淀时间 $t = 1.5$h，则有：

$$h_2 = vt \times 3600 = 0.0007 \times 1.5 \times 3600 = 3.78\text{m}$$

(5) 校核池径水深比：

$$D/h_2 = 7.8/3.78 = 2.06 < 3(\text{符合要求})$$

(6) 校核集水槽每米出水堰的过水负荷 (q_0)：

$$q_0 = \frac{q_{max}}{\pi D} = \frac{0.0325}{\pi \times 7.8} \times 1000 = 1.33\text{L/s} < 2.9\text{L/s}$$

可见符合要求，可不另设辐射式水槽。

(7) 污泥体积 (V)。设污泥清除间隔时间 $T = 2$d，每人每日产生的湿污泥量 $S = 0.5$L，则有：

$$V = \frac{SNT}{1000} = \frac{0.5 \times 60000 \times 2}{1000} = 60\text{m}^3$$

(8) 每池污泥体积 (V_1')：

$$V_1' = \frac{V}{n} = \frac{60}{4} = 15\text{m}^3$$

(9) 池子圆截锥部分实有容积 (V_1)。设圆锥底部直径 d' 为 0.4m，截锥高度为 h_5，截锥侧壁倾角 $\alpha = 55°$，则有：

$$h_5 = \left(\frac{D}{2} - \frac{d'}{2}\right)\tan\alpha = \left(\frac{7.8}{2} - \frac{0.4}{2}\right) \times \tan 55° = 5.28\text{m}$$

$$V_1 = \frac{\pi h_5}{3}(R^2 + Rr + r^2) = \frac{\pi \times 5.28}{3} \times (3.9^2 + 0.2^2 + 3.9 \times 0.2) = 88.63\text{m}^3$$

可见池内足够容纳 2d 污泥量。

(10) 中心管直径 (d_0)：

$$d_0 = \sqrt{\frac{4f}{\pi}} = \sqrt{\frac{4 \times 1.08}{\pi}} = 1.17\text{m}$$

(11) 中心管喇叭口下缘至反射板的垂直距离 (h_3)。设流过该缝隙的污水流速 $v_1 = 0.02$m/s，喇叭口直径为：

$$d_1 = 1.35d_0 = 1.35 \times 1.17 = 1.58\text{m}$$

则有：

$$h_3 = \frac{q_{max}}{v_1 \pi d_1} = \frac{0.0325}{0.02 \times \pi \times 1.58} = 0.33m$$

（12）沉淀池总高度（H）。设池子保护高度 $h_1 = 0.3m$，缓冲层高 $h_4 = 0$（因泥面很低），则有：

$$H = h_1 + h_2 + h_3 + h_4 + h_5 = 0.3 + 3.78 + 0.33 + 0 + 5.28 \approx 10m$$

2.2.3.4　辐流式沉淀池

（1）设计数据：

1）池子直径（或正方形一边）与有效水深的比值，一般采用 6～12。

2）池径不宜小于 16m。

3）池底坡度一般采用 0.05～0.10。

4）一般均采用机械刮泥，也可附有空气提升或静水头排泥设施。

5）当池径（或正方形的一边）较小（小于 20m）时，也可采用多斗排泥。

6）进、出水的布置方式可分为：中心进水、周边出水，见图 2-7；周边进水、中心出水；周边进水、周边出水。

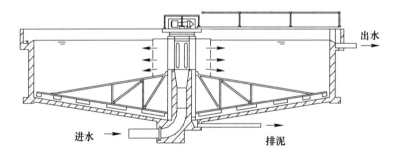

图 2-7　辐流式沉淀池

7）池径小于 20m，一般采用中心转动的刮泥机，其驱动装置设在池子中心走道板上，池径大于 20m 时，一般采用周边传动的刮泥机，其驱动装置设在桁架的外缘。

8）刮泥机的旋转速度一般为 1～3r/h，外周刮泥板的线速不超过 3m/min，一般采用 1.5m/min。

9）在进水口的周围应设置整流板，整流板的开口面积为过水断面面积的 6%～20%。

10）浮渣用浮渣刮板收集，刮渣板装在刮泥机桁架的一侧，在出水堰前应设置浮渣挡板。

11）周边进水的辐流式沉淀池是一种沉淀效率较高的池型，与中心进水、周边出水的辐流式沉淀池相比，其设计表面负荷提高一倍左右。

（2）计算公式：辐流式沉淀池取池子半径 1/2 处的水流断面作为计算断面。中心进水沉淀池的计算公式见表 2-14。

表 2-14　中心进水沉淀池的计算公式

名　称	公　式	符　号　说　明
沉淀部分水面面积 F/m^2	$F = \dfrac{Q_{\max}}{nq}$	$Q_{\max}$——最大设计流量，m^3/h； n——池数，个； q——表面负荷，$\mathrm{m}^3/(\mathrm{m}^2 \cdot \mathrm{h})$
池子直径 D/m	$D = \sqrt{\dfrac{4F}{\pi}}$	
沉淀部分有效水深 h_2/m	$h_2 = qt$	t——沉淀时间，h
沉淀部分有效容积 V'/m^3	$V' = \dfrac{Q_{\max}}{n}t$ 或 $V' = Fh_2$	
污泥部分所需的容积 V/m^3	$V = \dfrac{SNT}{1000}$ $V = \dfrac{Q_{\max}(C_1 - C_2) \times 24 \times T}{K_z \gamma (100 - p_0)/100}$ $V = \dfrac{4(1-R)QX}{X + X_R}$	S——每人每日污泥量，$\mathrm{L}/(人 \cdot \mathrm{d})$，一般采用 0.3~0.8$\mathrm{L}/(人 \cdot \mathrm{d})$； N——设计人口数； T——两次清除污泥相隔时间，d； C_1——进水悬浮物浓度，t/m^3； C_2——出水悬浮物浓度，t/m^3； K_z——生活污水流量总变化系数； γ——污泥容量，t/m^3，约为 $1\mathrm{t}/\mathrm{m}^3$； p_0——污泥含水率，%； R——污泥回流比； X——混合液污泥浓度，mg/L； X_R——回流污泥浓度，mg/L
污泥斗容积 V_1/m^3	$V_1 = \dfrac{\pi h_5}{3}(r_1^2 + r_1 r_2 + r_2^2)$	h_5——污泥斗高度，m； r_1——污泥斗上部半径，m； r_2——污泥斗下部半径，m

名 称	公 式	符 号 说 明
污泥斗以上圆锥体部分污泥容积 V_1'/m^3	$V_1' = \dfrac{\pi h_4}{3}(R^2 + Rr + r^2)$	h_4——圆锥体高度，m； R——池子半径，m
沉淀池总高度 H/m	$H = h_1 + h_2 + h_3 + h_4 + h_5$	h_1——超高，m； h_4——缓冲层高度，m

周边进水沉淀池的计算公式见表2-15。

表 2-15　周边进水沉淀池的计算公式

名 称	公 式	符 号 说 明
沉淀部分水面面积 F/m^2	$F = \dfrac{Q_{max}}{nq}$	Q_{max}——最大设计流量，m^3/h； n——池数，个； q——表面负荷，$m^3/(m^2 \cdot h)$，一般 $\leqslant 2.5 m^3/(m^2 \cdot h)$
池子直径 D/m	$D = \sqrt{\dfrac{4F}{\pi}}$	
校核堰口负荷 $q_1/L \cdot (s \cdot m)^{-1}$	$q_1 = \dfrac{Q_0}{3.6\pi D}$	Q_0——单池设计流量，m^3/h，$Q_0 = Q/n$； 一般 $q_1 \leqslant 4.34$
校核固体负荷 $q_2/kg \cdot (m^2 \cdot d)^{-1}$	$q_2 = \dfrac{(1+R)Q_0 N_w \times 24}{F}$	N_w——混合液悬浮污泥浓度（MLSS），kg/m^3； R——污泥回流比； q_2 一般可达 $150 kg/(m^2 \cdot d)$
澄清区高度 h_2'/m	$h_2' = \dfrac{Q_0 t}{F}$	t——沉淀时间，h，一般采用 $1 \sim 1.5 h$
污泥区高度 h_2''/m	$h_2'' = \dfrac{(1+R)Q_0 N_w t'}{0.5(N_w + C_u)F}$	t'——污泥停留时间，h； C_u——回流浓度，kg/m^3

名　称	公　式	符 号 说 明
池边水深 h_2/m	$h_2 = h_2' + h_2'' + 0.3$	
沉淀池总高度 H/m	$H = h_1 + h_2 + h_3 + h_4$	h_1——池子超高，m，一般采用 0.3m； h_3——池中心与池边落差，m； h_4——污泥斗高度，m

【例题 2-6】某污水处理厂的设计流量 $Q = 4000\text{m}^3/\text{h}$，曝气池混合液悬浮浓度 $N_w = 2\text{kg/m}^3$，回流污泥浓度 $C_u = 6\text{kg/m}^3$，污泥回流比 $R = 0.5$，试求周边进水二次沉淀池的各部分尺寸。

解：

（1）沉淀部分水面面积（F）。设池数 $n = 2$ 个，表面负荷 $q = 2\text{m}^3/(\text{m}^2 \cdot \text{h})$，则有：

$$F = \frac{Q_{\max}}{nq} = \frac{4000}{2 \times 2} = 1000\text{m}^2$$

（2）池子直径（D）：

$$D = \sqrt{\frac{4F}{\pi}} = \sqrt{\frac{4 \times 1000}{\pi}} = 35.7\text{m}$$

取 $D = 37\text{m}$。

（3）实际水面面积（F）：

$$F = \frac{\pi D^2}{4} = \frac{\pi \times 37^2}{4} = 1075\text{m}^2$$

（4）实际表面负荷（q）：

$$q = \frac{Q}{nF} = \frac{4000}{2 \times 1075} = 1.86\text{m}^3/(\text{m}^2 \cdot \text{h})$$

（5）单池设计流量（Q_0）：

$$Q_0 = Q/n = 4000/2 = 2000\text{m}^3/\text{h}$$

（6）校核堰口负荷（q_1）：

$$q_1 = \frac{Q_0}{2 \times 3.6\pi D} = \frac{2000}{2 \times 3.6 \times \pi \times 37} = 2.39\text{L}/(\text{s} \cdot \text{m}) < 4.34\text{L}/(\text{s} \cdot \text{m})$$

（7）校核固体负荷（q_2）：

$$q_2 = \frac{(1+R)Q_0 N_w \times 24}{F} = \frac{(1+0.5) \times 2000 \times 2 \times 24}{1075}$$

$$= 134 \text{kg}/(\text{m}^2 \cdot \text{d}) < 150 \text{kg}/(\text{m}^2 \cdot \text{d})$$

（8）澄清区高度（h_2'）。设 $t=1$h，则有：

$$h_2' = \frac{Q_0 t}{F} = \frac{2000 \times 1}{1075} - 1.86\text{m}$$

按在澄清区最小允许深度 1.5m 考虑，取 $h_2' = 1.5$m。

（9）污泥区高度（h_2''）。设 $t'=1.5$h，则有：

$$h_2'' = \frac{(1+R)Q_0 N_w t'}{0.5(N_w + C_u)F} = \frac{(1+0.5) \times 2000 \times 2 \times 1.5}{0.5 \times (2+6) \times 1075} = 2.09\text{m}$$

（10）池边深度（h_2）：

$$h_2 = h_2' + h_2'' + 0.3 = 1.5 + 2.09 + 0.3 = 3.89\text{m}$$

取 $h_2 = 4$m。

（11）沉淀池高度（H）。设池底坡度为 0.06，污泥斗直径 $d=2$m，池中心与池边落差为：

$$h_3 = 0.06 \times \frac{D-d}{2} = 0.06 \times \frac{37-2}{2} = 1.05\text{m}$$

超高 $h_1 = 0.3$m，污泥斗高度 $h_4 = 1.0$m，则有：

$$H = h_1 + h_2 + h_3 + h_4 = 0.3 + 4.0 + 1.05 + 1.0 = 6.35\text{m}$$

2.2.3.5 斜流式沉淀池

斜流式沉淀池是根据"浅层沉淀"理论，在沉淀池中加设斜板或蜂窝斜管以提高沉淀效率的一种新型沉淀池。它具有沉淀效率高、停留时间短、占地少等优点。斜板（管）沉淀应用于城市污水的初次沉淀池中，其处理效果稳定，维护工作量也不大。斜板（管）沉淀应用于城市污水的二次沉淀池中，当固体负荷过大时其处理效果不大稳定，耐冲击负有能力较差，斜板（管）设备在一定条件下，有滋长藻类等问题，给维护管理工作带来一定困难。

按水流与污泥的相对运动方向，斜板（管）沉淀池可分为异向流、同向流和侧向流 3 种形式。在城市污水处理中主要采用升流式异向流斜板（管）沉淀池，如图 2-8 所示。

（1）设计数据：

1）在需要挖掘原有沉淀池潜力或需要压缩沉淀池占地等技术经济要求下，可采用斜板（管）沉淀池。

进水 出水

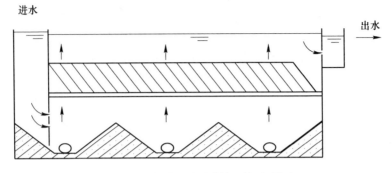

图 2-8 升流式异向流斜板(管)沉淀池

2）升流式异向流斜板（管）沉淀池的表面负荷，一般可比普通沉淀池的设计表面负荷提高 1 倍左右，对于二次沉淀池应以固体负荷核算。

3）斜板垂直净距一般采用 80~120m，斜管孔径一般采用 50~80mm。

4）斜板（管）斜长一般采用 1.0~1.2m。

5）斜板（管）倾角一般采用 60°。

6）斜板（管）区底部缓冲层高度一般采用 0.5~1.0m。

7）斜板（管）区上部水深一般采用 0.5~1.0m。

8）在池壁与斜板的间隙处应装设阻流板，以防止水流短路；斜板上缘宜向池子进水端倾斜安装。

9）进水方式一般采用穿孔墙整流布水，出水方式一般采用多槽出水，在池面上增设几条平行的出水堰和集水槽，以改善出水水质，加大出水量。

10）斜板（管）沉淀池一般采用重力排泥，每日排泥次数至少 1~2 次，或连续排泥。

11）池内停留时间：初次沉淀池不超过 30min，二次沉淀池不超过 60min。

12）斜板（管）沉淀池应设斜板（管）冲洗设施。

（2）计算公式：见表 2-16。

表 2-16　计算公式

名　称	公　式	符号说明
水面面积 F/m^2	$F = \dfrac{Q_{max}}{nq \times 0.91}$	Q_{max}——最大设计流量，m^3/h； n——池数，个； q——表面负荷，$m^3/(m^2 \cdot h)$； 0.91——斜板区面积利用系数

名 称	公 式	符 号 说 明
池子平面尺寸 D（a）/m	原形池直径：$D=\sqrt{\dfrac{4F}{\pi}}$ 方形池边长：$a=\sqrt{F}$	
池内停留时间 t/min	$t=\dfrac{(h_2+h_3)\times60}{q}$	h_2——斜板（管）区上部水深，m； h_3——斜板（管）高度，m
污泥部分所需的容积 V/m³	$V=\dfrac{SNT}{1000}$ $V=\dfrac{Q_{max}(C_1-C_2)\times24\times T}{nK_z\gamma(100-p_0)/100}$	S——每人每日污泥量，L/（人·d），一般采用 0.3~0.8L/（人·d）； N——设计人口数； T——两次清除污泥相隔时间，d； C_1——进水悬浮物浓度，t/m³； C_2——出水悬浮物浓度，t/m³； K_z——生活污水流量总变化系数； γ——污泥容量，t/m³，约为 1t/m³； p_0——污泥含水率，%
污泥斗容积 V_1/m³	$V_1=\dfrac{\pi h_5}{3}(R^2+Rr+r^2)$	h_5——污泥斗高度，m； R——污泥斗上部半径，m； r——污泥斗下部半径，m
沉淀池总高度 H/m	$H=h_1+h_2+h_3+h_4+h_5$	h_1——池子超高，m； h_4——斜板（管）区底部缓冲层高度，m

注：当斜板（管）沉淀池为矩形池时，其计算方法与方形池类同。

【例题 2-7】某城市污水处理厂的最大设计流量 $Q_{max}=710\text{m}^3/\text{h}$，生活污水量总变化系数 K_z 为 1.50，初次沉淀池采用升流式异向流斜管沉淀池，斜管斜长为 1m，斜管倾角头 60°，设计表面负荷 $q=4\text{m}^3/(\text{m}\cdot\text{h})$，进水悬浮物浓度 $C_1=250\text{mg/L}$，出水悬浮物浓度 $C_2=125\text{mg/L}$，污泥含水率平均为 96%，求斜板（管）沉淀池各部分尺寸。

解：

（1）池子水面面积（F）。设 $n=4$，则有：

$$F = \frac{Q_{max}}{nq \times 0.91} = \frac{710}{4 \times 4 \times 0.91} = 49 \text{m}^2$$

（2）池子边长（a）：

$$a = \sqrt{F} = \sqrt{49} = 7.0 \text{m}$$

（3）池内停留时间（t）。设 $h_2 = 0.70$m，$h_3 = 1$m$\times\sin60° = 0.866$m，则有：

$$t = \frac{(h_2 + h_3) \times 60}{q} = \frac{(0.7 + 0.866) \times 60}{4} = 23.50 \text{min}$$

（4）污泥部分所需的容积（V）。设 $T=2.0$d，则有：

$$V = \frac{Q_{max}(C_1 - C_2) \times 24 \times T}{\dfrac{nK_z\gamma(100 - p_0)}{100}} = \frac{710 \times (0.00025 - 0.000125) \times 24 \times 100 \times 2}{4 \times 1 \times (100 - 96)}$$

$$= 17.7 \text{m}^3$$

（5）污泥斗容积（V_1）。设 $a_1 = 0.80$m，$h_3 = \left(\dfrac{a}{2} - \dfrac{a_1}{2}\right)\tan60° = \left(\dfrac{7}{2} - \dfrac{0.8}{2}\right)$ $\tan60° = 5.37$m，则有：

$$V_1 = \frac{h_5}{6}(2a^2 + 2aa_1 + 2a_1^2) = \frac{5.37}{6} \times (2 \times 7^2 + 2 \times 7 \times 0.8 + 2 \times 0.8^2)$$

$$= 98.30 \text{m}^3 > 17.70 \text{m}^3$$

（6）沉淀池总高度（H）。设 $h_1 = 0.30$m，$h_4 = 0.764$m，则有：

$$H = h_1 + h_2 + h_3 + h_4 + h_5 = 0.30 + 0.70 + 0.866 + 0.764 + 5.37 = 8.0 \text{m}$$

2.2.3.6 二次沉淀池工艺设计计算

二次沉淀池有别于其他沉淀池，首先在作用上有其特点。它除了进行泥水分离外，还进行污泥浓缩，并由于水量、水质的变化，还要暂时贮存污泥。二次沉淀池需要完成污泥浓缩的作用，所需要的池面积大于只进行泥水分离所需要的池面积。其次，进入二次沉淀池的活性污泥混合液在性质上也有其特点，活性污泥混合液的浓度高（2000~4000mg/L），具有絮凝性能，属于成层沉淀，沉淀时泥水之间有清晰的界面，絮凝体结成整体共同下沉，初期泥水界面的沉速固定不变，仅与初始浓度 C 有关 [$u = f(C)$]。活性污泥的另一特点是质轻，易被出水带走，并容易产生二次流和异重流现象，使实际的过水断面远远小于设计的过水断面。因此，设计平流式二次沉淀池时，允许的最大水平流速要比初次沉淀池的小一半，池的出流堰常设在离池末端一定距离的范围内。辐流式二次沉淀池可采用周边进水的方式，以提高沉淀效果。此外，出流堰的长度也要相对增加，使单位堰长的出流量不超过 $5\sim8m^3/(m\cdot h)$。

由于进入二次沉淀池的混合液是泥、水、气三相混合体，因此在中心管中的下降流速不应超过 $0.03m/s$，以利气、水分离，提高澄清区的分离效果。曝气沉淀池的导流区，其下降流速还要小些（$0.015m/s$ 左右），这是因为其气、水分离的任务更重的缘故。由于活性污泥质轻、易腐变质等，采用静水压力排泥的二次沉淀池，其静水头可降至 $0.9m$，污泥斗底坡与水平夹角不应小于 $50°$，以利污泥顺利滑下和排泥通畅。

二次沉淀池的计算公式见表 2-17。

表 2-17 二次沉淀池的计算公式

项 目	公 式	符 号 说 明
池表面积	$A=\dfrac{Q}{q}=\dfrac{Q}{3.6un}$ 或 $A=\dfrac{(1+R)QX}{q_s n}$	A——池表面积，m^2； Q——最大小时污水量，m^3/h； q——水力表面负荷，$m^3/(m^2\cdot h)$，一般为 $0.5\sim1.5m^3/(m^2\cdot h)$； u——正常活性污泥成层沉淀的沉速，mm/s，一般为 $0.2\sim0.5mm/s$； R——污泥回流比，%； X——混合液污泥浓度，kg/m^3； q_s——固体负荷率，$kg/(m^2\cdot h)$，一般为 $120\sim150kg/(m^2\cdot h)$； n——池子个数
池直径	$D=\sqrt{\dfrac{4A}{\pi}}$	D——池直径，m
沉淀部分有效水深	$H=\dfrac{Qt}{A}$	H——池边有效水深，m，一般为 $2.5\sim4m$； t——水力停留时间，h，一般为 $1.5\sim2.5h$

项　目	公　式	符　号　说　明
污泥区容积	$V=\dfrac{4(1+R)QX}{X+X_R}$	X_R——回流污泥浓度，mg/L； $\dfrac{1}{2}(X+X_R)$——污泥斗中平均污泥浓度，mg/L
校核	出水堰最大负荷不大于 1.7L/（s·m）	

2.3　好氧生物处理

2.3.1　活性污泥法简介

活性污泥法是一种应用最广泛的污水好氧生物处理法，由沉砂池、初沉池、曝气池、二沉池及污泥回流系统等组成，是在曝气池中将污水与活性污泥进行混合曝气，利用微生物代谢作用来去除污水中污染物的一种方法。被活性污泥去除的主要污染物质有含碳有机物、含氮有机物和含磷化合物等。

自 1913 年在英国曼彻斯特建立了一座活性污泥法实验厂以来，采用活性污泥法处理污水至今已有 110 年历史，1 个多世纪以来活性污泥法处理技术有了较快的发展，已成为世界各国广泛采用的污水处理方法。

我国是世界上较早采用活性污泥法技术的国家之一，早在 1921 年上海建立了日处理 3500m³ 的北区污水处理厂，1926 年上海又建成东区、西区污水处理厂。活性污泥法已成为我国城市污水处理的主要方法，至今我国已建有各类处理工艺的城市污水、生活小区污水处理厂近千座，其中大部分采用了活性污泥法。随着污水处理要求的不断提高和处理技术的不断发展，特别是近数十年来，在生物反应、净化机理、活性污泥法反应动力学、生物反应器等方法的研究上，已开发出多种活性污泥法，如普通（常规）活性污泥法、阶段曝气活性污泥法、吸附再生活性污泥法、延时曝气活性污泥法、高负荷活性污泥法、AB 两级活性污泥法、完全混合活性污泥法、序批式活性污泥法或氧化沟、深井曝气活性污泥法、富氧或纯氧曝气活性污泥法、厌氧好氧活性污泥法、缺氧-好氧活性污泥法、厌氧缺氧-好氧活性污泥法、水解（酸化)-活性污泥法、SBR、CASS、CAST、ICEAS、DAT-IAT、UINETANK、MSBR 等，目前已成为生活污水和工业废水的主要生物处理方法。

2.3.2 农村生活污水处理技术

农村生活污水处理技术可分为初级处理、生物处理、自然生物处理，各阶段处理技术不宜单独使用，可根据进水水质、水量和出水标准来选取和组合。

2.3.2.1 概述

化粪池在生活污废水处理过程中可视为污染物初级处理系统，其原理是沉淀和厌氧微生物发酵。生活污水中密度大的颗粒物质沉降（形成沉渣），密度小的物质上浮（形成浮渣）；利用微生物厌氧发酵作用使粪便等有机物被初步降解，实现污水的初级处理。

污水在化粪池内逐渐分离为 3 层：浮渣层、中间层和泥渣层。密度轻的物质（油类）或夹带气泡的絮团向上悬浮，形成浮渣层；密度较大的固体沉淀在底层，形成泥渣层；中间层是液体，在兼性厌氧菌和厌氧菌共同作用下，液体中的污染物质被分解，产生 CH_4、CO_2 和 H_2S 等气体。上层浮渣和底层沉渣需定期清理，清掏出的泥渣经适当处理后可以作为肥料。

采用隔墙或隔板进行间隔，构成多格化粪池，相关研究发现多格化粪池的处理效果要好于单格化粪池。目前户厕化粪池应用较为广泛的是三格化粪池（图2-9)。污水首先进入第一格（池），池内粪便等物质开始发酵分解，因进入物质

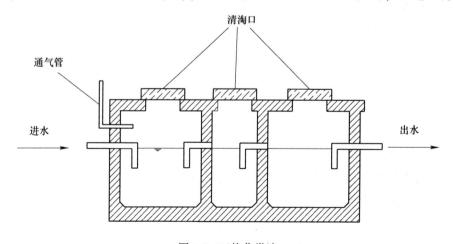

图 2-9　三格化粪池

的密度不同，池内开始自然分层。经过一段时间的发酵和静置分离，中层液体含虫卵、病原体的大颗粒物质有所减少；污水经过连接管进入第二格（池），沉渣和浮渣物质则被截留在第一格（池）内继续分解。流入第二格（池）的中层液体进一步发酵和进行固液分离，污水中的大颗粒物质较第一格（池）显著减少；第二格（池）的中层液体最后进入第三格（池），第三格（池）主要起储存、沉淀作用，此时液体基本腐熟，病原菌、虫卵得到有效去除。

化粪池的优点：结构简单，易施工，维护管理方便；造价低，无能耗，运行维护费用低。

化粪池的不足：沉积污泥需定期进行清理；若防渗措施不到位，污水易泄漏；处理效果有限，一般不能直接排放水体，可进入田间或经后续生物处理单元或生态净水单元进一步处理。

2.3.2.2 适用范围

对于污水不易集中收集的分散型农户，周边有足够的田地、山地的，可采用户厕三格化粪池就地分散处理方式，尾水排入田地、山地等消纳利用；需要排放水体的，应根据不同的出水要求，通过管道收集后与其他生物处理工艺组合，进行进一步的深度处理后达标排放。

2.3.2.3 设计要求

A 无纳管条件时

（1）粪便污水通过三格化粪池处理后，其出水再进入田间或林地。三格化粪池有效容积应根据使用人数、每人每日计算粪便污水量、粪便无害化卫生要求兼性厌氧发酵≥30天的要求制定。

三格化粪池容积计算见式（2-4）：

$$V = AXD/1000 \tag{2-4}$$

式中 V——池的有效容积，m^3；

A——每人每日粪尿排泄量和冲水量之和，$L/(人·d)$；

X——使用人数；

D——每池贮留粪便的有效时间，d。

A 按 $18L/(人·d)$ 计，当服务多人时，适度考虑变化因素，每人每日计算污水量逐步折减至 $15L/(人·d)$。

1）各池贮存粪便的有效时间，一池不少于20天，二池不少于10天，三池原则要求为一、二池有效时间之和；在保证一、二池共不少于30天有效停留时间情况下，无粪肥取用需求时，可适当减少三池容积。

2）户厕三格化粪池容积不小于 1.5m³；一、二、三池容积比原则为 2：1：3；二池宽度不足 50cm 可加大至 50cm。

3）三格池的深度相同，不应小于 1200mm。

4）排粪管：采用管材内壁应光滑，内径≥100mm，应避免拐弯并尽可能减少长度。进粪管上端与便器下口连接紧密，下端出口超出第一池池壁 5cm 左右。

5）过粪管：要求选用内径 100mm 内壁光滑管材，设置成"I"或倒"L"形；连接一池至二池的过粪管入口应在第一池池壁的下三分之一处，溢出口应在第二池距池上沿至少保留 100mm；二池至三池的过粪管入口可在第二池池壁的下三分之一或二分之一处，溢口同一池至二池的过粪管。一池至二池的过粪管与二池至三池的过粪管可交错安装。

6）排粪管、过粪管的安装位置应错开并保持一定距离。

7）三格池的盖板上必须预留维护口并应当加盖密封。

8）排气管：应在第一池安装排气管，圆形管径 100mm，方形面积不小于 225cm²，高于厕屋 500mm 或以上，加防雨（防蝇、防风）帽。

9）污泥清掏周期应根据污水温度和当地气候条件确定，宜采用 3~12 个月。

10）化粪池应设在室外，其外壁距农房宜根据各地农房性质、基础条件确定，如条件限制需设置于机动车道下时，池底和池壁应按机动车荷载核算。

11）化粪池的构造应符合《农村户厕卫生规范》（GB 19379）的要求。

12）化粪池池壁和池底须进行防渗设计，严禁污染地下水和周边环境。应采取防臭和防爆措施。

（2）三格化粪池无法满足停留时间至少 30 天或是出水无法进入田间或林地时，粪便污水经过三格化粪池预处理后，应再结合后续处理工艺进行处理，并达到功能区水体相关要求及排放标准后排放。

B 可纳管进入污水处理设施时

粪便污水经过三格化粪池预处理后，可直接排入市政污水管网时，化粪池容积可根据《镇（乡）村排水工程技术规程》（CJJ 124）进行计算。

2.3.2.4 卫生管理

（1）化粪池经确认无渗漏方可投入使用。

（2）化粪池投入运行，向第一池注水至浸没第一池过粪管口。

（3）禁止取用一、二池的粪液施肥，禁止向二、三池倒入新鲜粪液；避免生活污水流入贮粪池。

（4）应防止将便纸等杂物扔入化粪池。

2.3.3 活性污泥法工艺设计

2.3.3.1 完全混合活性污泥法

完全混合活性污泥法（completely mixed activated sludge process），即更多地增加进水点，同时使回流污泥与进水迅速混合，废水与回流污泥进入曝气池后，立即与混合液充分混合，如图2-10所示。

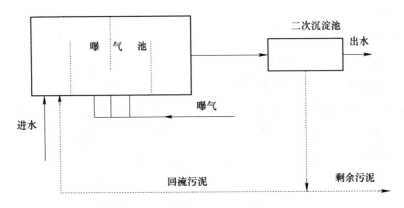

图 2-10　完全混合活性污泥法

完全混合活性污泥法的特点是原污水、回流污泥在刚进入曝气池时立即和池中原有的混合液充分混合，因此整个池内混合液均匀一致。此工艺运行较稳定，受水质波动冲击影响较小。根据具体的构造，完全混合活性污泥法又可分为合建式完全混合曝气法（又称曝气沉淀法）和分建式完全混合曝气法。完全混合曝气池的特点是：

（1）承受冲击负荷的能力强，池内混合液能对废水起稀释作用，对高峰负荷起削弱作用；

（2）由于全池需氧要求相同，能节省动力；

（3）曝气池和沉淀池可合建，不需要单独设置污泥回流系统，便于运行管理。完全混合曝气池的缺点是连续进水、出水可能造成短路；易引起污泥膨胀。

2.3.3.2 参考设计参数

BOD$_5$负荷（N_s）：0.2~0.6kgBOD$_5$/（kgMLSS·d）；

容积负荷（N_v）：$0.8\sim2.0\text{kgBOD}_5/(\text{m}^3\cdot\text{d})$；

污泥龄（生物固体平均停留时间）(θ_r)：$5\sim15\text{d}$；

混合液悬浮固体浓度（MLSS）：$3000\sim6000\text{mg/L}$；

混合液挥发性悬浮固体浓度（MLVSS）：$2400\sim4800\text{mg/L}$；

污泥回流比（R）：$25\%\sim100\%$；

曝气时间（t）：$3\sim5\text{h}$；

BOD_5去除率：$85\%\sim90\%$。

2.3.4 普通活性污泥法工艺设计计算

污水生物处理的基本目的是去除有机物、悬浮物和氮、磷营养物质。为达到这些目的近年来城市污水处理新工艺、新技术得到了广泛的应用，并取得了良好的效果。本节以这些新工艺、新新技术为中心，重点介绍其工艺设计计算。

2.3.4.1 普通活性污泥法概况

（1）工艺流程：活性污泥系统主要由曝气池、曝气系统、二沉池、污泥回流系统和剩余污泥排放系统组成。其工艺流程如图 2-10 所示。

（2）运行方式、设计参数及规定：活性污泥法有多种运行方式，各种运行方式及设计参数见表 2-18。

表 2-18 曝气池主要设计数据

类 别	污泥负荷 /kg·(kg·d)$^{-1}$	污泥浓度 /g·L^{-1}	容积负荷 /kg·(m^3·d)$^{-1}$	污泥回流比 /%	总处理效率 /%
普通曝气	0.2~0.4	1.5~2.5	0.4~0.9	25~75	90~95
阶段曝气	0.2~0.4	1.5~3.0	0.4~1.2	25~75	85~95
吸附再生曝气	0.2~0.4	2.5~6.0	0.9~1.8	50~100	80~90
合建完全混合曝气	0.25~0.5	2.0~4.0	0.5~1.8	100~400	80~90
延时曝气/氧化沟	0.05~0.1	2.5~5.0	0.15~0.3	60~200	>95
高负荷曝气	1.5~3.0	0.5~1.5	1.5~3	10~30	65~75

2.3.4.2 污泥龄（θ_c）、水温与出水 BOD 浓度（S_e）的相互关系

根据多个污水处理厂运行数据，采用曲线拟合法得出它们之间的相互关系为：

温度大于 25℃时

$$S_e = 11.54\theta_c^{-0.744}(相关系数\ r = 0.74)$$

温度为 20~25℃时

$$S_e = 9.75\theta_c^{-0.674}(r = 0.60)$$

温度为 15~20℃时

$$S_e = 10.42\theta_c^{-0.519}$$

温度小于 15℃时

$$S_e = 13.73\theta_c^{-0.554}$$

活性污泥法基本计算公式见表 2-19。

表 2-19 活性污泥法基本计算公式

项 目	公 式	符 号 说 明
处理效率	$\eta = \dfrac{S_a - S_e}{S_a} \times 100\%$	η——BOD 去降效率,%; S_a——进水 BOD 浓度,kg/m³; S_e——出水 BOD 浓度,kg/m³
曝气池容积、混合液污泥浓度	$V = \dfrac{QS_a}{N_s X}$ $X = \dfrac{R}{1 + R} X_r$	Q——污水设计流量,m³/d; N_s——BOD-污泥负荷,kgBOD₅/(kgMLSS · d); X——污泥浓度 MLSS,kg/m³; R——污泥回流比; X_r——回流污泥浓度,mg/L
水力停留时间	$T = \dfrac{V}{Q}$	T——水力停留时间,h
污泥产量	干泥量: $\Delta X_v = aQS_r - bVX_v$ 湿泥量: $Q_s = \dfrac{\Delta X_v}{fX_r}$ $X_r = \dfrac{10^6}{SVI}r$	ΔX_v——系统每日排除剩余污泥量,kg/d; S_r——去除 BOD 浓度,kg/m³; a——污泥增值系数,0.5~0.7; b——污泥自身氧化率,0.04~0.1; X_v——挥发性固体污泥浓度 MLVSS,kg/m³,且满足 $X_v = fX = 0.75X$; X_r——回流污泥浓度 mg/L; SVI——污泥指数; r,f——系数

项　目	公　式	符　号　说　明
泥龄	$\theta_c = \dfrac{X_v V}{\Delta X_v}$	θ_c——泥龄，生物固体停留时间，d
曝气池需氧量	$O_2 = a'QS_r + b'VX_v$	O_2——混合液每日需氧量，kgO_2/d； a'——氧化 BOD 需氧量，$kgO_2/kgBOD$，一般取 $0.42 \sim 0.53kgO_2/kgBOD$； b'——污泥自身氧化需氧率，$kgO_2/(kgMLVSS \cdot d)$，一般取 $0.188 \sim 0.11kgO_2/(kgMLVSS \cdot d)$
气水比	$10 \sim 15$	

2.3.4.3　设计计算举例

某城市日排污水量 $30000m^3$，小时变化系数 1.4，原污水 BOD_5 值 225mg/L，要求处理后水 BOD_5 值为 25mg/L，拟采用活性污泥系统处理。

（1）计算、确定曝气池主要部位尺寸；

（2）计算、设计鼓风曝气系统。

A　污水处理程度的计算及曝气池的运行方式

（1）污水处理程度的计算：原污水的 BOD 值（S_0）为 225mg/L，经初次沉淀池处理，BOD_5 按降低 25%考虑，则进入曝气池的污水，其 BOD 值（S_a）为：

$$S_a = 225 \times (1 - 25\%) = 168.75mg/L$$

计算去除率，对此，首先按下式计算处理水中非溶解性 BOD 值：

$$BOD_5 = 7.1bX_aC_e$$

式中　C_e——处理水中悬浮固体浓度，mg/L，取值为 25mg/L；

b——微生物自身氧化率，一取介于 $0.05 \sim 0.1$ 之间，取值 0.09；

X_a——活性微生物在处理水中所占比例，取值 0.4。

代入各值，得：

$$BOD_5 = 7.1 \times 0.09 \times 0.4 \times 25 = 6.39 \approx 6.4mg/L$$

处理水中溶解性 BOD_5 值为：

$$25 - 6.4 = 18.6mg/L$$

去除率为:

$$\eta = \frac{168.75 - 18.6}{168.75} = \frac{150.15}{168.76} = 0.889 \approx 0.90$$

（2）曝气池的运行方式：在本设计中应考虑曝气池运行方式的灵活性和多样化，既以传统活性污泥法系统作为基础，又可按阶段曝气系统和再生-曝气系统运行。

B 曝气池的计算与各部位尺寸的确定

曝气池按 BOD-污泥负荷法计算。

（1）BOD 污泥负荷率的确定：拟定采用的 BOD 污泥负荷率为 0.3kgBOD₅/（kgMLSS·d）。但为稳妥需加以校核，即：

$$N_s = \frac{K_2 S_e f}{\eta} \tag{2-5}$$

已知 $K_2 = 0.0185$，$S_e = 18.6mg/L$，$\eta = 0.90$，$f = \frac{MLVSS}{MLSS} = 0.75$，代入各值得：

$$N_s = \frac{0.0185 \times 18.6 \times 0.75}{0.9} = 0.29kgBODs/(kgMLSS \cdot d)$$

计算结果确定，N_s 取 0.3 是适宜的。

（2）确定混合液污泥浓度 (X)：根据已确定的 N 值，查相关资料得 SVI 值为 100~120，取值 120。计算确定混合液污泥浓度 X，对此 $r = 1.2$，$R = 50\%$，代入各值得：

$$X = \frac{R}{1+R} X_r = \frac{Rr \times 10^6}{(1+R)SVI} = \frac{0.5 \times 1.2 \times 10^6}{(1+0.5) \times 120} = 3333 \approx 3300mg/L$$

（3）确定曝气池容积计算：曝气池容积按下式计算：

$$V = \frac{QS_a}{N_s X} \tag{2-6}$$

式中，$S_a = 168.75mg/L$，近似取值 169.0mg/L，代入各值得：

$$V = \frac{QS_a}{N_s X} = \frac{30000 \times 169}{0.3 \times 3300} = 5121m^3$$

（4）确定曝气池各部位尺寸：设 2 组曝气池，每组容积为 5121/2 = 2560m³，池深取 4.2m，则每组曝气池的面积为：

$$F = \frac{2560}{4.2} = 609.6m^2$$

池宽取 4.5m，$\dfrac{B}{H} = \dfrac{4.5}{4.2} = 1.07$，介于 1~2 之间，符合规定。

池长为：

$$L = \frac{F}{B} = \frac{609.6}{4.5} = 135.5\text{m}$$

则有 $\dfrac{L}{B} = \dfrac{135.5}{4.5} = 30 > 10$，符合规定。

设五廊道式曝气池廊道长为：

$$L_1 = \frac{L}{5} = \frac{135.5}{5} = 27.1\text{m}$$

取超高 0.5m，则池总高度为：

$$4.2 + 0.5 = 4.7\text{m}$$

在曝气池面对初次沉淀池和二次沉淀池的一侧各设横向配水渠道，并在池中部设纵向配水渠道与横向配水渠道相连接。在两侧横向配水渠道上设进水口，每组曝气池共有 5 个进水口。在面对初次沉淀池的一侧（前侧），在每组曝气池的一端，廊道Ⅰ进水口处设回流污泥井，并内设污泥空气提升器，回流污泥由污泥泵站送入井内，由此通过空气提升器回流至曝气池。

该曝气池可有多种运行方式：（1）按传统活性污泥法系统运行，污水及回流污泥同步从廊道Ⅰ的前侧进水口进入；（2）按阶段曝气系统运行，回流污泥从廊道Ⅰ的前侧进入，而污水分别从两侧配水渠道的 5 个进水口均量地进入；（3）按再生-曝气系统运行，回流污泥从廊道Ⅰ的前侧进入，以廊道Ⅰ作为污泥再生池，污水则从廊道Ⅱ的后侧进水口进入，在这种情况下，再生池为全部曝气池的20%，后者以廊道Ⅰ及廊道Ⅱ作为再生池，污水则从廊道Ⅲ的前侧进水口进入，此时，再生池为40%。

还可能有其他的运行方式，可灵活运用。

C　曝气系统的计算与设计（本设计采用鼓风曝气系统）

（1）平均小时需氧量的计算：

$$O_2 = a'QS_r + b'VX_v \tag{2-7}$$

取 $a' = 0.5$，$b' = 0.15$，$X_v = fX = 0.75 \times 3300 = 2475 \approx 2500\text{mg/L}$，代入各值得：

$$O_2 = 0.5 \times 30000 \times \frac{169 - 25}{1000} + 0.15 \times 5121 \times \frac{2500}{1000}$$

$$= 4080.4\text{kg/d} = 170\text{kg/h}$$

（2）最大小时需氧量的计算：根据原始数据 $K=1.4$，代入各值得：

$$O_{2\max} = 1.4 \times 0.5 \times 30000 \times \frac{169 - 25}{1000} + 0.15 \times 5121 \times \frac{2500}{1000}$$

$$= 4944.4\text{kg/d} = 206.0\text{kg/h}$$

（3）每日去除的 BOD_5 值：

$$BOD_5 = \frac{3000 \times (169 - 25)}{1000} = 4320\text{kg/d}$$

（4）去除每千克 BOD 的需氧量：

$$\Delta O_2 = \frac{4080.4}{4320} = 0.945 \approx 0.95\text{kgO}_2/\text{kgBOD}$$

（5）最大小时需氧量与平均小时需氧量之比：

$$\frac{O_{2\max}}{O_2} = \frac{206.0}{170.0} = 1.2$$

D 供气量的计算

采用网状膜型中微孔空气扩散器，敷设于距池底 0.2m 处，淹没水深 4.0m，计算温度定为 30℃。

查表得水中溶解氧饱和度为：

$$C_{s(20)} = 9.17\text{mg/L}；\quad C_{s(30)} = 7.63\text{mg/L}$$

（1）空气扩散器出口处的绝对压力（P_b）按下式计算：

$$P_b = 1.013 \times 10^5 + 9.8 \times 10^3 H$$

代入各值得：

$$P_b = 1.013 \times 10^5 + 9.8 \times 4.0 \times 10^3 = 1.405 \times 10^5 \text{Pa}$$

（2）空气离开曝气池面时，氧的百分比按下式计算：

$$O_t = \frac{21(1 - E_A)}{79 + 21(1 - E_A)} \times 100\% \tag{2-8}$$

式中 E_A——空气扩散器的氧转移效率，对网状膜型中微孔空气扩散器，取值 12%。

代入 E_A 值得：

$$O_t = \frac{21 \times (1 - 0.12)}{79 + 21 \times (1 - 0.12)} \times 100\% = 18.96\%$$

（3）曝气池混合液中平均氧饱和度（按最不利的温度条件考虑）按下式计算：

$$C_{sb(T)} = C_s \left(\frac{P_b}{2.026 \times 10^5} + \frac{O_t}{42} \right) \tag{2-9}$$

最不利温度条件按30℃考虑，代入各值得：

$$C_{sb(30)} = 7.63 \times \left(\frac{1.405 \times 10^5}{2.026 \times 10^5} + \frac{18.96}{42} \right) = 8.74 \text{mg/L} \tag{2-10}$$

（4）换算为在20℃条件下，脱氧清水的充氧量按下式计算：

$$R_0 = \frac{RC_{s(20)}}{\alpha(\beta\rho C_{sb(T)} - C) \times 1.024^{T-20}} \times 10^5 \tag{2-11}$$

取值 $\alpha = 0.82$、$\beta = 0.95$、$C = 2.01$、$\rho = 1.0$，代入各值得：

$$R_0 = \frac{170 \times 9.17}{0.82 \times (0.95 \times 1 \times 8.74 - 2) \times 1.024^{30-20}} \times 10^5 = 238 \text{kg/h}$$

取250kg/h。

相应的最大小时需氧量为：

$$R_{0(max)} = \frac{206 \times 9.17}{0.82 \times [0.95 \times 1 \times 8.74 - 2] \times 1.024^{30-20}} \times 10^5 = 288 \text{kg/h}$$

取300kg/h。

（5）曝气池平均小时供气量按下式计算：

$$G_s = \frac{R_0}{0.3 \times E_A} \times 100 \tag{2-12}$$

代入各值得：

$$G_s = \frac{250}{0.3 \times 0.12} \times 100 = 6946 \text{m}^3/\text{h}$$

（6）曝气池最大小时供气量为：

$$G_{s(max)} = \frac{300}{0.3 \times 0.12} \times 100 = 8333 \text{m}^3/\text{h}$$

（7）去除每公斤 BOD_5 的平均供气量为：

$$\frac{6946}{4320} \times 24 = 38.60 \text{m}^3 \text{空气/kgBOD}$$

（8）每立方米污水的平均供气量为：

$$\frac{6946}{30000} \times 24 = 5.56 \text{m}^3 \text{空气/m}^3 \text{污水}$$

（9）本系统的空气总用量：除采用鼓风曝气外，本系统还采用空气在回流污泥井提升污泥，空气量按回流污泥量的 8 倍考虑，污泥回流比 R 取值 60%，这样，提升回流污泥所需空气量为：

$$\frac{8 \times 0.6 \times 30000}{24} = 6000 \text{m}^3/\text{h}$$

总需气量为：

$$8333 + 6000 = 14333 \text{m}^3/\text{h}$$

E 空气管道系统计算

曝气池中布置有空气管道，在相邻的 2 个廊道的隔墙上设 1 根干管供气，共 5 根干管，在每根干管上设 5 对配气竖管，共 10 条配气竖管。全曝气池共设 50 条配气竖管，每根竖管的供气量为：

$$\frac{8333}{50} = 167 \text{m}^3/\text{h}$$

曝气池平面面积为：

$$27 \times 45 = 1215 \text{m}^2$$

每个空气扩散器的服务面积按 0.49m² 计，则所需空气扩散器的总数为：

$$\frac{1215}{0.49} = 2479 \text{ 个}$$

本设计采用 2500 个空气扩散器，每个竖管上安设的空气扩散器的数目为：

$$\frac{2500}{50} = 50 \text{ 个}$$

每个空气扩散器的配气量为：

$$\frac{8333}{2500} = 3.33 \text{m}^3/\text{h}$$

将已布置的空气管路及布设的空气扩散器绘制成空气管路计算图，用于进行计算。

选择 1 条从鼓风机房开始的最远最长的管路作为计算管路，在空气流量变化处设计算节点，统一编号后列表进行空气管道计算。

为安全起见，管路压力损失设计取值 9.8kPa。

F 空压机的选定

空气扩散装置安装在距曝气池池底 0.2m 处，因此，空压机所需压力为：

$$P = (4.2 - 0.2 + 1.0) \times 9.8 = 49 \text{kPa}$$

空压机供气量最大时为：

$$8333 + 6000 = 14333m^3/h = 238.9m^3/min$$

平均时为：

$$6946 + 6000 = 12946m^3/h = 215.76m^3/mim$$

根据所需压力及空气量，决定采用 LG60 型空压机 5 台。该型空压机风压 50kPa，风量 $60m^3/min$。

正常条件下 3 台工作，2 台备用；高负荷时 4 台工作，1 台备用。

2.3.5 间歇式活性污泥（SBR）法工艺

2.3.5.1 处理原理及工艺特征

SBR 法是污水生物处理方法的最初模式。由于进、出水切换复杂，变水位出水、供气系统易堵塞及设备等方面的原因，限制了其应用和发展。当今，随着计算机和自动控制技术及相关设备的发展和使用，SBR 法在城市污水和各种有机工业废水处理中得到越来越广泛的应用。SBR 法基本工艺流程为：预处理→SBR→出水，其操作程序是在一个反应器内的一个处理周期内依次完成进水、生化反应、泥水沉淀分离、排放上清液和闲置等 5 个基本过程组成（见图 2-11）。这种操作周期周而复始进行，以达到不断进行污水处理的目的。

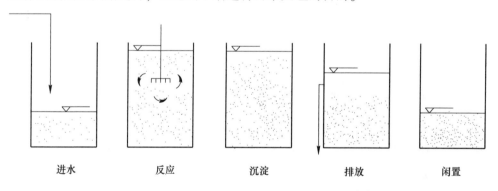

进水　　　　　　反应　　　　　　沉淀　　　　　　排放　　　　　　闲置

图 2-11　间歇式活性污泥法曝气池运行操作 5 个工序示意图

SBR 法的工艺设备是由曝气装置、上清液排出装置（滗水器），以及其他附属设备组成的反应器。SBR 对有机物的去除机理为：在反应器内预先培养驯化一定量的活性微生物（活性污泥），当废水进入反应器与活性污泥混合接触并有氧存在时，微生物利用废水中的有机物进行新陈代谢，将有机污染物转化为 CO_2、H_2O 等无机物；同时，微生物细胞增殖，最后将微生物细胞物质（活性污泥）与水沉淀分离，废水得到处理。

SBR 法不同于传统活性污泥法，在流态及有机物降解上是空间推流的特点。该法在流态上属完全混合型，而在有机物降解方面，有机基质含量是随时间的进展而降解的，SBR 法具有以下几个特征。

（1）可省去初次沉淀池、二次沉淀池和污泥回流设备等，与标准活性污泥法比较，设备构成简单，布置紧凑，基建和运行费用低，维护管理方便。

（2）大多数情况下，不需要设置流量调节池。

（3）泥水分离沉淀是在静止状态或在接近静止状态下进行的，故固液分离稳定。

（4）不易产生污泥膨胀，特别是在污水进入生化处理装置期间，维持在厌氧状态下，使得 SVI 降低，而且还能节减曝气的动力费用。

（5）在反应器的一个运行周期中，能够设立厌氧、好氧条件，实现生物脱氮、除磷的目的。即使在没有设立厌氧段的情况下，在沉淀和排出工序中，由于溶解氧浓度低，也会产生一定的脱氮作用。

（6）加深池深时，与同样的 BOD-SS 负荷的其他方式相比较，占地面积较小。

（7）耐冲击负荷，处理有毒或高浓度有机废水的能力强。

（8）理想的推流过程使生化反应推力大、效率高。

（9）SBR 法中微生物的 RNA 含量是标准污泥法中的 3~4 倍，故 SBR 法处理有机物效率高。

（10）SBR 法系统本身适用于组件式构造方法，有利于废水处理厂的扩建与改造。

综上所述，SBR 法的工艺特征顺应了当代污水处理所要求的简易、高效、节能、灵活、多功能的发展趋势，也符合"三低一少"技术要求，即低建设费用、低运行费用、低操作管理需求、二次污染物排放少的污水处理技术。

2.3.5.2 工艺流程

SBR 法的一般流程如图 2-12 所示。

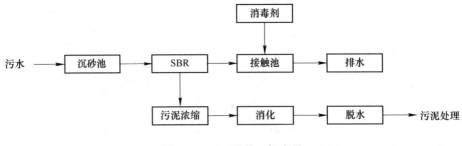

图 2-12 SBR 法的一般流程

SBR 按进水方式分为间歇进水方式和连续进水方式；按有机物负荷分为高负荷运行方式、低负荷运行方式及其他运行方式。该工艺系统组成简单，一般不需设调节池，可省去初沉池，无二沉池和污泥回流系统，基建费、运行费较低且维护管理方便。该工艺耐冲击负荷能力强，一般不会产生污泥膨胀且运行方式灵活，可同时具有去除 BOD 和脱氮除磷功能。近年来，各种新型工艺如 ICEAS 工艺、CASS 工艺、DEA 工艺等陆续得到了开发和应用。

2.3.5.3 构造特点

SBR 工艺的主要设备如下：

（1）鼓风设备。SBR 工艺多采用鼓风曝气系统，提供微生物生长所需空气。

（2）曝气装置。SBR 工艺常用的曝气设备为微孔曝气器，微孔曝气器可分为固定式和提升式两大类。

（3）滗水器。SBR 工艺最根本的特点是单个反应器的排水形式均采用静止沉淀、集中排水的方式运行。为了保证排水时不会扰动池中各水层，使排出的上清液始终位于最上层，这就要求使用一种能随水位变化而可调节的出水堰，又称滗水器或撇水器。

滗水器有多种类型，其组成为收水装置、排水装置及传动装置。

（4）水下推进器。水下推进器的作用是搅拌和推流，一方面，使混合液搅拌均匀；另一方面，在曝气供氧停止、系统转至兼氧状态下运行时，能使池中活性污泥处于悬浮状态。

（5）自动控制系统。SBR 采用自动控制技术，把用人工操作难以实现的控制通过计算机、软件、仪器设备的有机结合自动完成，并创造满足微生物生存的最佳环境。

（6）SBR 反应池可建成长方形、圆形和椭圆形。排水后池内水深 3~4m，最高水位时池内水深 4.3~5.5m，超高 1m。

2.3.5.4 设计概要及设计参数

（1）设计污水量采用最大日污水量计算。

（2）污水进水量的逐时变化应调查并讨论研究。

（3）设计进水水质应按设计规划年内污染物负荷量，并参考其原单位量来决定，并考虑负荷的变动。对于分流制下水道的生活污水，其原水水质典型值 BOD_5 为 200mg/L，总氮为 30~40mg/L，磷为 4~6mg/L。

（4）原则上可不设置流量调节池。

（5）反应池数原则上不少于 2 个。

（6）水深为 4~6m，池宽与池长之比为（1:1）~（1:2）。

（7）设计参数典型值见表 2-20。

表 2-20 SBR 工艺设计参数

名　称		高负荷运行	低负荷运行
		间歇进水	间歇进水或连续进水
BOD-污泥负荷/kgBOD·(kgMLSS·d)$^{-1}$		0.1~0.4	0.03~0.1
MLSS/mg·L^{-1}		1500~5000	
周期数		3~4	2~3
排除比（每一周期的排水量与反应池容积之比）		1/4~1/2	1/6~1/3
安全高度（活性污泥界面以上最小水深）/cm		50 以上	
需氧量/kgO$_2$·(kgBOD)$^{-1}$		0.5~1.5	1.5~2.5
污泥产量/kgMLSS·(kgSS)$^{-1}$		约 1	约 0.75
溶解氧/mg·L^{-1}	好氧工艺	≥2.5	
	缺氧工艺　进水	0.3~0.5	
	缺氧工艺　沉淀、排水	<0.7	
反应池数/个		≥2（Q<500m^3/d 时可取 1）	

（8）上清液排出方式可采用重力式或水泵排出，但活性污泥不能发生上浮，并应设置挡浮渣装置。

2.3.6　氧化沟（OD）工艺

2.3.6.1　氧化沟（OD）工艺流程

氧化沟又称"循环曝气池"，污水和活性污泥的混合液在环状曝气渠道中循环流动，属于活性污泥法的一种变形，氧化沟的水力停留时间可达 10~30h，污泥龄 20~30d，有机负荷很低 [0.05~0.15kgBOD/(kgMLSS·d)]，实质上相当于延时曝气活性污泥系统。氧化沟工艺运行成本低、构造简单、易于维护管理、出水水质好、耐冲击负荷、运行稳定并可脱氮除磷，可处理水量为（72~200）×10^{4}m^3/d。氧化沟的基本工艺流程如图 2-13 所示。

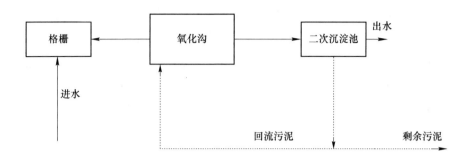

图 2-13 氧化沟工艺流程

氧化沟出水水质好，一般情况下，BOD 去除率可达 95% ~ 99%，脱氮率达 90% 左右，除磷效率达 50% 左右；如在处理过程中适量投加铁盐，则除磷效率可达 95%。一般的水水质为 $BOD_5 = 0 \sim 15mg/L$，$SS = 10 \sim 20mg/L$，$NH_3\text{-}N = 1 \sim 3mg/L$，$P < 1mg/L$。运行费用较常规活性污泥法低 30% ~ 50%，基建费用较常规活性污泥法低 40% ~ 60%。

2.3.6.2 工艺特点及类型

氧化沟是常规活性污泥法的一种改型和发展。它的基本特征是曝气池是封闭的沟渠形，污水和活性污泥的混合液在其中不停地循环流动，其水力停留时间长达 10 ~ 40h；污泥龄一般大于 20d；有机负荷则很低，仅为 0.05 ~ 0.15kgBOD/(kgMLSS·d)，故其本质上属于延时曝气法；容积负荷 0.2 ~ 0.4kgBOD/(m³·d)，活性污泥浓度 2000 ~ 6000mg/L；出水 $BOD_5 = 10 \sim 15mg/L$；$SS = 10 \sim 20mg/L$；$NH_3\text{-}N = 1 \sim 3mg/L$。

采用氧化沟处理污水时，可不设初次沉淀池。二次沉淀池可与曝气部分分设，此时需设污泥回流系统；可与曝气部分合建在同一沟渠中，如侧渠式氧化沟、交替工作氧化沟，此时可省去二次沉淀池及污泥回流系统。氧化沟中的水流速度一股为 0.3 ~ 0.5m/s，装在环形沟渠中完成一个循环需 10 ~ 30min。由于此工艺的水力停留时何为 10 ~ 40h，因而可知污水在其整个停留时间内要完成 20 ~ 120 个循环不等，这就赋予了氧化沟一种独特的水流特征，即氧化沟液有完全混合式和推流式的特点。在控制适宜的条件下，沟内同时具有好氧区和缺氧区，从而使得这一技术具有净化限度高、耐冲击和能耗低的特点，此外，氧化沟还具有良好的脱氮作用。

如果着眼于整个氧化沟，并以较长的时间间隔为观察基础，可以认为氧化沟是一个完全混合曝气池，其中的浓度变化极小，甚至可以忽略不计；进水将迅速得到稀释，因此它具有极强的抗冲击负荷能力。如果着眼于氧化沟中的一段，即以较短的时间间隔为观察基础，就可以发现沿沟长存在着溶解氧浓度的变化，在曝气器下游溶解氧浓度较高，但随着与曝气器距离的增加，溶解氧浓度将不断降低，呈现出由好氧区→缺氧区→好氧区→缺氧区→…的交替变化，氧化沟的这种特征，使沟渠中相继进行硝化和反硝化的过程，达到脱氮的效果，同时使出水中活性污泥具有良好的沉降性能。

由于氧化沟采用的污泥龄很长，剩余污泥量较一般的活性污泥法少得多，而且已经得到好氧硝化的稳定，因而不再需要消化处理，可在浓缩、脱水后加以利用或最后处置。

2.3.6.3 氧化沟的类型

（1）基本型氧化沟：基本型氧化沟处理规模小，一般采用卧式转刷曝气，水深为 1~1.5m；氧化沟内污水水平流速 0.3~0.4m/s。为了保持流速，其循环量为设计流量的 30~40 倍。此种池结构简单，往往不设二次沉淀池。

（2）卡鲁塞尔（Carrousel）式氧化沟：卡鲁塞尔式氧化沟如图 2-14 所示，进水与活性污泥混合后沿箭头方向在沟内不停循环流动；采用表面机械曝气器，每沟渠的一端各安装 1 个，靠近曝气器下游的区段为好氧区，处于曝气器上游和外环区段为缺氧区。

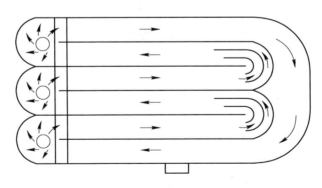

图 2-14　卡鲁塞尔式氧化沟

（3）交替工作式氧化沟：交替工作式氧化沟有双沟交替式（DE）和三沟交替式（T）两种。

2.3.6.4 工艺参数

氧化沟工艺参数见表 2-21。

表 2-21 氧化沟工艺参数

项　目	单　位	参数值
污泥浓度（MLSS）X	g/L	2.5~4.5
污泥负荷 L_s	kgBOD$_5$/(kgMLSS·d)	0.03~0.08
污泥龄 θ_c	d	>15
污泥产率系数 Y	kgVSS/kgBOD$_5$	0.3~0.6
需氧量 O_2	kgO$_2$/kgBOD$_5$	1.5~2.0
水力停留时间 HRT	h	≥16
污泥回流比 R	%	75~150
总处理效率 η	BOD$_5$	%	>95

2.4　生物膜法处理工艺

2.4.1　生物膜法处理污水的基本原理

生物膜（biofilm）厚度可达到微米级，是由微小生物（细菌、真菌、微型藻类、原生动物和后生动物等）及其代谢物连同海洋中的一些有机物、颗粒物相互粘连在一起形成的厚度小于 1mm 的膜状生物群落。研究表明，水、细菌及其胞外高聚物（简称 EPS，主要由高聚糖、蛋白质、糖蛋白和脂蛋白组成，占细胞膜干重的 60%~95%）是生物膜的主要成分。

生物膜法是利用附着生长于某些固体物表面的微生物（即生物膜）进行有机污水处理的方法。生物膜是由高度密集的好氧菌、厌氧菌、兼性菌、真菌、原生动物以及藻类等组成的生态系统，其附着的固体介质称为滤料或载体。生物膜自滤料向外可分为厌气层、好氧层、附着水层、运动水层。生物膜法的原理是，生物膜首先吸附附着水层有机物，由好气层的好气菌将其分解，再进入厌气层进行厌气分解，流动水层则将老化的生物膜冲掉以生长新的生物膜，如此往复以达到净化污水的目的。

生物膜法是废水中微生物沿固体（可称载体）表面生长的生物处理方法的统称，因微生物群体沿固体表面生长成黏膜状，因此得名。废水和生物膜接触时，污染物从水中转移到膜上，从而得到处理。其基本机理见废水的生物处理法。

生物膜法典型流程中的生物器可以是生物滤池、生物转盘、曝气生物滤池或厌氧生物滤池。前三种用于需氧生物处理过程，后一种用于厌氧过程。最早出现的生物膜法生物器是间歇砂滤池和接触滤池（满盛碎块的水池）。它们的运行都是间歇式的，过滤—休闲或充水—接触—放水—休闲，构成一个工作周期。它们是污水灌溉的发展，是以土壤自净现象为基础的。接着就出现了连续运行的生物滤池。新型塑料问世后，又有了新的发展。

2.4.2 生物滤池

生物滤池（图 2-15）是生物膜法中最常用的一种生物器。使用的生物载体是小块料（如碎石块、塑料填料）或塑料型块，堆放或叠放成滤床，故常称滤料。与水处理中的一般滤池不同，生物滤池的滤床暴露在空气中，废水洒到滤床上。布水器有多种形式，有固定式的，有移动式的。回转式布水器使用最广。它以两根或多根对称布置的水平穿孔管为主体，能绕池心旋转。穿孔管贴近滤床表面，水从孔中流出。布水器的工作是连续的，但对局部床面的施水是间歇的，这承继了污水灌溉间歇灌水的概念。滤床的下面有用砖或特制陶块、混凝土块铺成的集水层。再下面是池底。集水层和池外相通，既排水又通风。工作时，废水沿载体表面从上向下流过滤床，和生长在载体表面上的大量微生物和附着水密切接触进行物质交换。污染物进入生物膜，代谢产物进入水流。出水并带有剥落的生物膜碎屑，需用沉淀池分离。生物膜所需要的溶解氧直接或通过水流从空气中取得。在普通生物滤池中，生物黏膜层较厚，贴近载体的部分常处在无氧状态。生物膜法滤床的深度和滤率、滤料有关。碎石滤床的深度在一个相当长的时间内大多采用 1.8~2m。深度如果提高，滤床表层容易堵塞积水。滤率在 $1 \sim 4m^3/(m^2 \cdot d)$，如果提高，床面也容易积水。首先突破的是滤率的提高。水力负荷率（即滤率）提高到 $8m^3/(m^2 \cdot d)$ 以上时，水流的冲刷作用使生物膜不致堵塞滤床，而且有机物（用 BOD_5 衡量）负荷率可从 $0.2kg/(m^3 \cdot d)$ 左右提高到 $1kg/(m^3 \cdot d)$ 以上。为了满足水力负荷率的要求，来水常用回流稀释。为了稳定处理效率，可采用两级串联。这种流程革新、负荷率提高、构造不变的生物滤池称为高负荷率生物滤池。继而发现，滤床深度从 2m 左右提高到 8m 以上时，通风改善，即使水力负荷率提高，滤床也不再堵塞，滤池工作良好，同时有机物负荷率也可以提高到

1kg/（m³·d）左右。因为这种滤池的平面直径一般为池高的 1/8～1/6，外形像塔，故称塔式滤池。自塑料型块问世后，通风、堵塞等不再成为问题，滤床深度和滤率可根据需要进行设计。

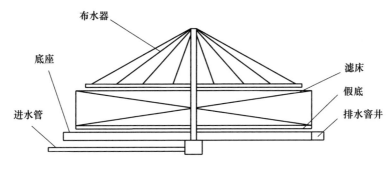

图 2-15　生物滤池

2.4.2.1　生物滤池设计

计算滤床总体积（V）时，采用的负荷率应与设计处理的效率相应。通常，负荷率是影响处理效果的主要因素，两者常相提并论。表 2-22 所示数据是城市污水一般经验的概括。

表 2-22　污水生物滤池的负荷率

生物滤池类型	BOD₅ 负荷率/kg·(m³·d)⁻¹	水力负荷率/m·d⁻¹	处理效率/%
低负荷率	0.15～0.30	1～3	85～95
回流式	<1.2	10～30	75～90
塔滤	1.0～3.0	80～200	65～85

2.4.2.2　厌氧生物滤池

厌氧生物滤池构造和曝气生物滤池基本相同，只是不要曝气系统。因生物量高，和污泥消化池相比，处理时间可以大大缩短（污泥消化池的停留时间一般在 10 天以上），处理城市污水等浓度较低的废水时有可能采用。

2.4.3　生物转盘

2.4.3.1　工艺特点

生物转盘（图 2-16）是随着塑料的普及而出现的。数十片、近百片塑料或玻璃钢圆盘用轴贯串，平放在一个断面呈半圆形的条形槽的槽面上。盘径一般不超过4m，槽径约大几厘米。有电动机和减速装置转动盘轴，转速1.5~3r/min，决定于盘径，盘的周边线速度在15m/min左右。

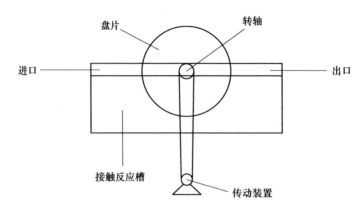

图 2-16　生物转盘

废水从槽的一端流向另一端。盘轴高出水面，盘面约40%浸在水中，约60%暴露在空气中。盘轴转动时，盘面交替与废水和空气接触。盘面为微生物生长形成的膜状物所覆盖，生物膜交替地与废水和空气充分接触，不断地取得污染物和氧气，净化废水。膜和盘面之间因转动而产生切应力，并随着膜厚度的增加而增大，到一定程度，膜从盘面脱落，随水流走。

2.4.3.2　设计参数

同生物滤池相比，生物转盘法中废水和生物膜的接触时间比较长，而且有一定的可控性。水槽常分段，转盘常分组，既可防止短流，又有助于负荷率和出水水质的提高，因为负荷率是逐级下降的。生物转盘如果产生臭味，可以加盖。生物转盘一般用于水量不大时。

生物转盘工艺设计采用水力负荷和有机负荷法。

水力负荷的单位为：m^3(污水)/[m^3(槽)·d]、m^3(污水)/[m^2(盘片)·d]；

有机负荷的单位为：kg(BOD_5)/[m^3(槽)·d]、kg(BOD_5)/[m^2(盘片)·d]。

2.4.4　生物接触氧化池

2.4.4.1　生物接触氧化池简介

生物接触氧化池（图2-17）为曝气池内设置填料，填料淹没在污水中，填料上长满生物膜，污水与生物膜接触过程中，水中的有机物被微生物吸附、氧化分解和转化为新的生物膜。从填料上脱落的生物膜，随水流到二沉池后被去除，污水得到净化。空气通过设在池底的布气装置进入水流，随气泡上升时向微生物提供氧气。

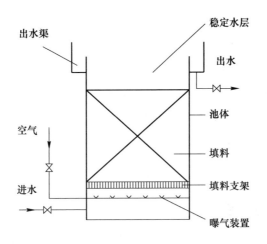

图 2-17 生物接触氧化池示意图

2.4.4.2 生物接触氧化池工艺设计

一级处理流程：完全混合型流态，微生物处于对数增长期和减速增长期的前段；

二级处理流程：单级完全混合型流态，组合后为推流；

一段：$F/M > 2.1$，对数增殖期；

二段：$F/M \approx 0.5$，减速增殖期或内源呼吸期。

生物接触氧化池工艺流程如图 2-18 所示。

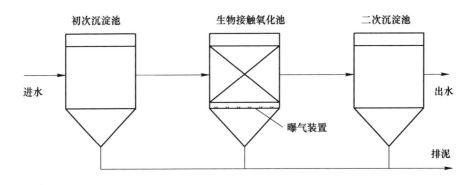

图 2-18 生物接触氧化池工艺流程

（1）生物接触氧化池的有机容积负荷率 q_v：

$$q_v = \frac{Q(S_0 - S_e)}{V} \tag{2-13}$$

式中 q_v——有机容积负荷率，$kgBOD_5/(m^3 \cdot d)$，城市污水可用 $1.0 \sim$

$1.8kgBOD_5/(m^3 \cdot d)$；

Q——平均日设计污水量，m^3/d；

S_0，S_e——分别为进水与出水的 BOD_5，mg/L；

V——有效容积（即填料体积），m^3。

（2）生物接触氧化池的总面积 A：

$$A = \frac{V}{h_0}$$

生物接触氧化池座数 N：

$$N = \frac{A}{A_1} \tag{2-14}$$

式中 h_0——填料高度，一般采用 $3.0m$；

A_1——每座池子的面积，m^2，一般 $<25m^2$。

（3）池深：

$$h = h_0 + h_1 + h_2 + h_3$$

式中 h_1——超高，$0.5 \sim 0.6m$；

h_2——填料层上水深，$0.4 \sim 0.5m$；

h_3——填料至池底的高度，$0.5 \sim 1.5m$。

（4）有效停留时间 t：

$$t = \frac{V}{Q} \tag{2-15}$$

（5）空气量 D：

$$D = D_0 Q$$

式中 D_0——气水比，$1m^3$ 污水所需气量，m^3/m^3，一般为 $15 \sim 20m^3/m^3$。

2.4.5 移动床生物膜法

2.4.5.1 移动床生物膜法定义

移动床生物膜反应器（moving-bed biofilm reactor，MBBR）是近年来在生物滤池和生物流化床的基础上发展起来的，既有生物膜法耐冲击负荷、池龄长和剩余污泥量少的特点，又具有活性污泥法的高效和灵活，适合中小型生活污水和工业有机废水的处理。

2.4.5.2 移动床生物膜法原理

移动床生物膜反应器的本质是生物膜法，但是由于载体颗粒的密度、尺寸、规格等设计的恰到好处，可使附着生物膜的载体在污水中随处漂动、旋转，与水和氧气充分混合，使它的操作像活性污泥法那样灵活，且使它的处理效果比活性污泥法高效得多。移动床生物膜法原理如图 2-19 所示。

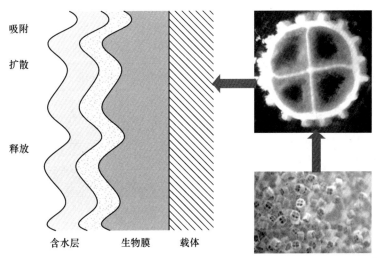

图 2-19 移动床生物膜法原理示意图

图 2-19 彩图

2.4.5.3 工艺流程

移动床生物膜工艺流程如图 2-20 所示。

图 2-20 移动床生物膜工艺流程

组成：MBBR 由池体、载体、出水装置、曝气系统或搅拌系统组成。

池体可以是任意形状、任意大小，可由废弃池体改建而成，适用于中小型污水处理厂的改造升级。

载体的相对密度一般为 0.96，略小于 1，多为聚乙烯、聚丙烯塑料等，可以装水中随水流的回旋翻转而自由移动。尺寸十几到几十毫米不等。

出水装置的孔径取决于载体颗粒的尺寸，作用是把载体拦截在反应器中，且不会被污泥堵塞。

合适工艺是 MBBR 混合工艺，MBBR 在不增加池容的条件下，与 A²/O、氧化沟、SBR 等多种工艺结合，可提高处理能力 50% 以上并达到脱氮除磷的目标。

应用实例运行结果见表 2-23。

表 2-23　某污水处理厂 MBBR 工艺运行结果

指　标		检测结果范围（平均值）	设计值（要求）
MLSS/g·L⁻¹	悬浮 MLSS	1.8~3.4（2.5）	2.9
	附着 MLSS	6.9~11.8（9.9）	16.0
	总 MLSS	3.5~5.6（4.6）	6.8
污泥容积指数 SVI/mL·g⁻¹		62~84（76）	150
污泥回流比/%		34~53（40）	60
BOD₅	进水/mg·L⁻¹	223~334（291）	200
	出水/mg·L⁻¹	15~25（21）	25
	去除率/%	91~94（93）	88
COD	进水/mg·L⁻¹	313~576（478）	400
	进水/mg·L⁻¹	70~96（86）	115
	去除率/%	78~84（82）	71
BOD₅ 容积负荷/kg·(m³·d)⁻¹		2.17~4.03（3.45）	2.66
污泥负荷（BOD₅/TSS)/kg·(kg·d)⁻¹		0.48~0.94（0.70）	0.40

2.5　厌氧生物处理工艺

厌氧消化工艺有多种分类方法，按微生物生长状态分为厌氧活性污泥法和厌氧生物膜法；按投料、出料及运行方式分为分批式、连续式和半连续式；根据厌氧消化中物质转化反应的总过程是否在同一反应器中并在同一工艺条件下完成，又可分为一步厌氧消化与两步厌氧消化等。

2.5.1 厌氧消化池

普通厌氧消化池又称传统或常规消化池，已有百余年的历史。消化池常用密闭的圆柱形池（图 2-21），废水定期或连续进入池中，经消化的污泥和废水分别由消化池底和上部排出，所产生的沼气从顶部排出。池径从几米至三四十米，柱体部分的高度约为直径的 1/2，池底呈圆锥形，以利排泥。一般都有盖子，以保证良好的厌氧条件，收集沼气和保持池内的温度，并减少池面的蒸发。为了使进料和厌氧污泥充分接触、使所产的沼气气泡及时逸出而设有搅拌装置，此外，进行中温和高温消化时，常需对消化液加热。常用的搅拌方式有三种：（1）池内机械搅拌；（2）沼气搅拌，即用压缩机把沼气从池顶抽出，再从池底充入，循环沼气进行搅拌；（3）循环消化液搅拌，即池内设有射流器，由池外水泵压送的循环消化液经射流器喷射，在喉管处造成真空，吸进一部分池中的消化液，形成较强烈的搅拌，一般情况下每隔 2~4h 搅拌一次。在排放消化液时，通常停止搅拌，经沉淀分离后排出上清液。

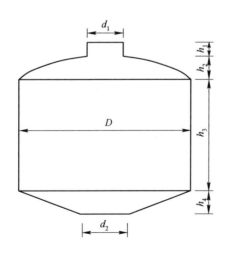

图 2-21　厌氧消化池

常用加热方式有三种：（1）废水在消化池外先经热交换器预热到定温再进入消化池；（2）热蒸汽直接在消化器内加热；（3）在消化器内部安装热

交换管。（1）和（3）两种方式可以利用热水、蒸汽或热烟气等废热源加热。

普通消化池的一般负荷，中温为 2 ~ 3kgCOD/（m³·d），高温为 5 ~ 6kgCOD/（m³·d）。普通消化池的特点是：可以直接处理悬浮固体含量较高或颗粒较大的料液。厌氧消化反应与固液分离在同一个池内实现，结构较简单。但缺乏持留和补充厌氧活性污泥的特殊装置，消化器中难以保持大量的微生物细胞；对无搅拌的消化器，还存在料液分离现象严重、微生物不能与料液均匀接触、温度不均匀、消化效率低等缺点。

2.5.2 厌氧接触法

为了克服普通消化池不能持留或补充厌氧活性污泥的缺点，在消化池设沉淀池，将沉淀池污泥回流至消化池，形成厌氧接触法，该系统既可使污泥不流失、出水水质稳定，又可提高消化池的污泥浓度，从而提高设备的有机负荷和处理效率。

然而，从消化池排出的混合液在沉淀池中进行固液分离有一定的困难。其原因一方面是由于混合液中污泥上附着的微小沼气泡，易于引起污泥上浮；另一方面是由于混合液中的污泥仍具有产甲烷活性，在沉淀中仍能继续产气，从而妨碍污泥颗粒的沉降和压缩。为了提高沉淀池中混合液的固液分离效果，目前采用以下几种方法脱气：（1）真空脱气，由消化池排出的混合液经真空脱气器（真空度为 0.005MPa）将污泥絮体上的气泡除去，改善污泥的沉降性能；（2）热交换器急冷法，将从消化池排出的混合液进行急速冷却，如中温消化液由 35℃ 冷却到 15~25℃，可以控制污泥继续产气，使厌氧污泥有效地沉淀；（3）絮凝沉淀，向混合液中投加絮凝剂，使厌氧污泥凝聚成大颗粒，加速沉淀；（4）用超滤器代替沉淀池，以改善固液分离效果。此外，为保证沉淀池分离效果，在设计时沉淀池内表面负荷比一般废水沉淀池表面负荷小，一般是不大于 1m/h；混合液在沉淀池内停留时间比一般废水沉淀时间长，可采用 4h。

厌氧接触法流程如图 2-22 所示。

厌氧接触法的特点是：（1）通过污泥回流，保证消化池内污泥浓度较高，一般为 10~15g/L，耐冲击能力强；（2）消化池的容积负荷较普通消化池高，中温消化时一般为 2~10kgCOD/（m³·d），水力停留时间比普通消化

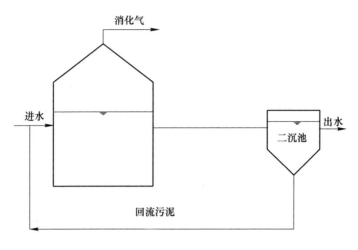

图 2-22 厌氧接触法流程

池大大缩短，如常温下，普通消化池为 15～30 天，而接触法小于 10 天；（3）可以直接处理悬浮固体含量较高或颗粒较大的料液，不存在堵塞问题；（4）混合液经沉淀后，出水水质好，但需增加沉淀池、污泥回流和脱气装置。厌氧接触法还存在混合液在沉淀池中难于进行固液分离的缺点。

2.5.3 上流式厌氧污泥床反应器

上流式厌氧污泥床反应器，简称 UASB 反应器，是由荷兰的 Glrttinga 等人在 20 世纪 70 年代初研制开发的。污泥反应器内没有载体，是一种悬浮生长型的反应器，由反应区、沉淀区和气室三部分组成。在反应器的底部是浓度较高的污泥层，称污泥床，在污泥床上部是浓度较低的悬浮污泥层，通常把污泥层和悬浮污泥层称为反应区，在反应区上部设有气、液、固三相分离器。废水从污泥床底部进入，与污泥床中的污泥进行混合接触，微生物分解废水中的有机物产生沼气，微小沼气泡在上升过程中不断合并逐渐形成较大的气泡。由于气泡上升产生较强烈的搅动，在污泥床上部形成悬浮污泥层。气、水、泥的混合液上升至三相分离器内，沼气气泡碰到分离器下部的反射板时，折向气室而被有效地分离排出；污泥和水则经孔道进入三相分离器的沉淀区，在重力作用下，水和泥分离，上清液从沉淀区上部排出，沉淀区下部的污泥沿着斜壁返回到反应区内。在一定的水力负荷下，绝大部分污泥颗粒能保留在反应区内，使反应区有足够的污泥量。反应区中污泥层约为反应区总高度的 1/3，但污泥量约占全部污泥量的 2/3 以上。由于污泥层中污泥量比悬浮层大，底物浓度高，酶的活性也高，有机物的代谢速度较快，因此，大部分有机物在污泥层被去除。研究表明，废水通过污泥层已有 80% 以上的有机物被转化，余下的再通过悬浮层处理，有机物总的去除率达 90% 以上。虽然悬浮层去除的有机物量不大，但是其高度对混合程度、产气量和过程稳定性至关重要。因此，应保证适当的悬浮层乃至反应区高度。

上流式厌氧污泥床（图 2-23）的池形有圆形、方形、矩形。小型装置常为圆柱形，底部显锥形或圆弧形；大型装置为便于设置气、液、固三相分离器，则一般为矩形，高度一般 3~8m，其中污泥床 1~2m、污泥悬浮层 2~4m，多用钢结构或钢筋混凝土结构，三相分离器可由多个单元组成。当废水流量较小、浓度较高时，需要的沉淀面积较小，沉淀区的面积和池形可与反应区相同；当废水流量较大、浓度较低时，需要的沉淀面积较大，为使反应区的过流面积不致太大，可采用沉淀区面积大于反应区，即反应器上部面积大于下部面积的池形。

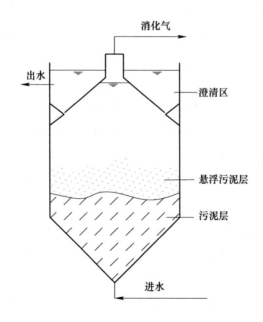

图 2-23　上流式厌氧污泥床

设置气、液、固三相分离器是上流式厌氧污泥床的重要结构特性，它对污泥床的正常运行和获得良好的出水水质具有十分重要的作用。上流式厌氧污泥床的三相分离器是使混合液上升和污泥回流严格分开，有利于污泥絮凝沉淀和污泥回流。三相分离器应满足以下条件：（1）沉淀区斜壁角度约阶段50°，使沉淀在斜底上的污泥不积聚，尽快滑回反应区内；（2）沉淀区的表面负荷为 $0.7m^3/(m^2 \cdot h)$ 以下，混合液进入沉淀区前，通过入流孔道的流速不大于 $2m/h$；（3）应防止气泡进入沉淀区影响沉淀；（4）应防止气室产生大量泡沫，并控制好气室的高度，防止浮渣堵塞出气管，保证气室出气管畅通无阻。从实际情况来看，气室水面上总有一层浮渣，其厚度与水质有关。因此，在设计气室高度时，应考虑浮渣层的高度。此外还应考虑浮渣的排放。

上流式厌氧污泥床的混合是靠上流的水流和消化过程产生的沼气泡来完成的。因此，一般采用多点进水，使进水较均匀地分布在污泥床断面上。常采用穿孔管布水和脉冲进水。上流式厌氧污泥床反应器的特点是：（1）反应器内污泥浓度高，一般平均污泥浓度为 $30 \sim 40g/L$，其中污泥床底部污泥浓度为 $60 \sim 80g/L$，污泥悬浮层污泥浓度为 $5 \sim 7g/L$；（2）有机负荷高，水力停留时间短，中温消化，COD 容积负荷一般为 $10 \sim 20kgCOD/(m^3 \cdot d)$；（3）反应器内设三相分离器，被沉淀区分离的污泥能自动回流到反应区，一般无污泥回流装置；（4）无混合搅拌设备，投产运行正常后，利用本身产生的沼气和进水来搅动；（5）污泥床内不填载体，可节省造价和避免堵塞问题。但反应器内有短流现象，影响处理能力；进水中的悬浮物应比普通消化池低得多，特别是难消化的有机物固体不宜太高，以免对污泥颗粒化不利或减少反应区的有效容积，甚至引起堵塞；运行启动时间长，对水质和负荷突然变化比较敏感。

2.5.4 厌氧滤池

厌氧滤池（图 2-24）又称厌氧固定膜反应器，是 20 世纪 60 年代开发的高效新型厌氧装置，滤池呈圆柱形，池内装放填料，池底和池顶密封。厌氧生物附着在填料表面生长，当废水通过填料层时，在填料表面厌氧生物膜作用下，废水中的有机物被降解，并产生沼气，沼气从池顶排出。滤池中的生物膜不断地进行新陈代谢，脱落的生物膜随水流出池外。废水从池底进入，从池上部排出的，称为升流式厌氧池；废水从池上部进入，以降流的形式流过填料层，从池底排出的，称为降流式厌氧滤池。

厌氧生物滤池填料比表面积和空隙率对设备处理能力有较大的影响。填料比表面积越大，可以承受的有机负荷越高，空隙率越大，沉淀池的容积利用系数越高，堵塞减小。因此，与好气生物滤池类似，对填料的要求为：比表面积大，填充后空隙率高，生物膜易附着，对微生物细胞无抑制和毒害作用，有一定强度，且质轻、价廉、来源广。填料层高度，对于拳状滤料，高度不超过 1.2m 为宜；对于塑料填料，高度以 1~6m 为宜。填料的支撑板采用多孔板或竹子板。

进水系统需考虑易于维修和布水均匀，且有一定的水力冲刷强度。对直径较小的厌氧滤池常采用短管布水，对直径较大的厌氧滤池多用可拆卸的多孔管布水。

在厌氧生物滤池中，厌氧微生物大部分存在于生物膜中，少部分以厌氧活性污泥的形式存在

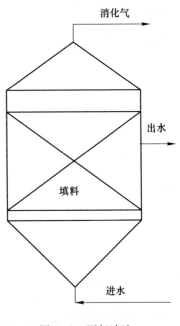

图 2-24 厌氧滤池

于滤料的孔隙中。厌氧微生物的总量沿池高度分布是很不均匀的，在池进水部位高，相应的有机物去除速度快。当废水中有机物浓度高时，特别是进水悬浮固体浓度和颗粒较大时，进水部位容易发生堵塞现象。为此，对厌氧生物滤池采用如下改进：（1）出水回流，使进水有机物得以稀释，同时提高池内水流速度，冲刷滤料空隙中的悬浮物，有利于消除滤池的堵塞，此外，对某此酸性水出水回流起到中合作用，减少中和药剂的用量；（2）部分充填载体，为了避免堵塞，仅在滤池的底部和中部各设一层填料薄层，空隙率大大提高，处理能力增大；（3）采用平流式厌氧生物滤池，滤池前段下部进水，后段上部溢流出水，顶部设气室，底部设污泥排放口，使沉淀悬浮物得到连续排除，可克服堵塞现象。

厌氧生物滤池的特点是：（1）由于填料为微生物附着生长提供了较大的表面积，滤池中的微生物量较高，且生物膜停留时间长，平均停留时间长达 100 天左右，因此可承受的有机容积负荷高，COD 容积负荷为 2~16kgCOD/（m³·d），且耐冲击负荷能力强；（2）废水与生物膜两相接触面大，强化了传质过程，因而有机物去除速度快；（3）微生物固着生长为主，不易流失，因此不需污泥回流和搅拌装置；（4）启动或停止后再启动比前述厌氧工艺法时间短。但该工艺

也存在一些问题，如处理含悬浮物浓度高的有机废水易发生堵塞，尤以进水部位更严重；滤池的清洗也还没有简单有效的方法。

2.5.5 厌氧流化床

厌氧流化床（图2-25）工艺是借鉴流态化技术的一种生物反应装置，它以小粒径载体为流化粒料，废水作为流化介质，当水以升流方式通过床体时，与床中附着于载体上的厌氧生物膜不断接触反应，达到厌氧生物降解的目的，产生沼气，于床顶部排出。床内填充细小固体颗粒载体，废水以一定流速从池底部流入，使填料层处于流态化，每个颗粒可在床层中自由运动，而床层上部保持一个清晰的泥水界面。为使填料层流态化，一般需要回流泵将部分出水回流，以提高床内水流的上升速度。为降低循环的动力能耗，宜取质轻、粒细的载体。常用的载体有石英砂、无烟煤、活性炭、聚氯乙烯颗粒、陶粒和沸石等，粒径一般为 0.2~1mm，大多在 300~500μm 之间。

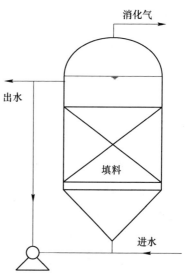

图 2-25　厌氧流化床

流化床操作的首要满足条件是：上升流速即操作速度必须大于临界流态化速度，而小于最大流态化速度。一般来说，最大流态化速度要比临界流态化速度大 10 倍以上，所以，上升流速的选定具有充分的余地，实际操作中，上升流速只要控制在 1.2~1.5 倍临界流态化速度即可满足生物流化床的要求。最大流态化速度即颗粒被带出的最低流速，其值接近于固体颗粒的自由沉降速度。

厌氧流化床的特点：（1）载体颗粒细，比表面积大，可高达 2000~3000m²/m³，使床内具有很高的微生物浓度，因此，有机物容积负荷大，一般为 10~40kgCOD/(m³·d)，水力停留时间短，具有较高的耐冲击负荷能力，运行稳定；（2）载体处于流化状态，无床层堵塞现象，对高、中、低浓度废水均表现出较好的处理效能；（3）载体流化时，废水与微生物之间接触面积大，同时两者相对运动速度较快，强化了转质过程，从而具有较高的有机物净化速度；（4）床内生物膜停留时间较长，剩余污泥量少；（5）结构紧凑、占地以及基建投资省等。但载体流化耗能较大，且对系统的管理技术要求较高。

为了降低动能消耗和防止床层堵塞，可采取以下措施：（1）间歇性流化床工艺，即以固定床与流化床交替操作，固定床操作时，不需回流，在一定时间间歇后，又起动回流泵，呈流化床运行；（2）尽可能取质轻、粒细的载体，如粒径 $20 \sim 30\mu m$、相对密度 $1.05 \sim 1.2 g/cm^3$ 的载体，保持低的回流量，甚至免除回流就可实现床层流化状。

2.5.6 两步厌氧法和复合厌氧法

两步厌氧法分别由两个独立的厌氧反应器组成，每一个反应器完成一个阶段的反应，比如一个为产酸阶段，另一个为产甲烷阶段，故又称两段式厌氧消化法。按照所处理的废水水质情况，两步可以采用同类型或不同类型的消化反应器。如对悬浮固体含量多的高浓度有机废水，第一步反应器可采用不易堵塞、效率较低的反应装置，经水解产酸阶段后的上清液中悬浮固体浓度降低，第二步反应器可采用新型高效消化器，根据不产甲烷与产甲烷菌代谢特点及适宜环境条件不同，第一步反应器可采用简易非密闭装置，在常温、较宽 pH 值范围条件下运行；第二步反应器则要求严格密封、严格控制温度和 pH 值范围。因此，两步厌氧法具有如下特点：（1）耐冲击负荷能力强，运行稳定，避免了一步法不耐高有机酸浓度的缺点；（2）两阶段反应不在同一反应器中进行，互相影响小，可更好地控制工艺条件；（3）消化效率高，尤其适宜处理含悬浮固体多、难消化降解的高浓度有机废水。但两步法设备较多，流程和操作复杂。

两步厌氧法是由两个独立的反应器串联组合而成，而复合厌氧法是在一个反应器内由两种厌氧法组合而成。如上流式厌氧污泥床与厌氧滤池组成的复合厌氧法，设备的上部为厌氧滤池，下部为上流式厌氧污泥床，可以集两者优点于一体，反应器下部即进水部位，由于不装填料，可以减少堵塞，上部装设固定填料，充分发挥滤层填料的有效载留污泥能力，提高反应器内的生物量，对水质、负荷突然变化和短流现象起缓冲和调节作用，使反应器具有良好的工作特性。

2.6 自然生物处理

2.6.1 人工湿地

人工湿地是一个综合的生态系统，它应用生态系统中物种共生、物质循环再生原理，结构与功能协调原则，在促进废水中污染物质良性循环的前提下，充分发挥资源的生产潜力，防止环境的再污染，获得污水处理与资源化的最佳效益。

2.6.1.1 什么是人工湿地

人工湿地是由人工建造和控制运行的与沼泽地类似的地面，将污水、污泥有控制地投配到经人工建造的湿地上，污水与污泥在沿一定方向流动的过程中，主要利用土壤、人工介质、植物、微生物的物理、化学、生物三重协同作用，对污水、污泥进行处理的一种技术。其作用机理包括吸附、滞留、过滤、氧化还原、沉淀、微生物分解、转化、植物遮蔽、残留物积累、蒸腾水分和养分吸收及各类动物的作用。

2.6.1.2 人工湿地发展的历史和现状

从历史的考察来看，利用湿地改善水质并非一个新发明，早在古代中国和埃及，这种观念就贯穿于人们的生活当中。那时所谓的湿地是指天然湿地。20世纪60年代末，通过人工调控的方法对污水进行处理的工艺开始逐渐受到各国有关领域研究者们的关注。

人工湿地（constructed wetland）的概念，是20世纪70年代才提出的。从起初的实验研究、理论探索，逐步走向大规模推广应用，也不过30多年的历史。随着科学家们对人工湿地研究的深入和工艺的改进，现在的人工湿地已发展成一种较为完善和独立的污水处理技术。

有关人工湿地的最早报道是1904年澳大利亚学者Brian Mackey的研究，后来出现了由德国Seidel在1953年研究的Max-Planck-Institute-Process处理系统和Kictuth于20世纪60年代开发的"根区法"，荷兰1967年的Lelystad Process表面流处理系统，美国20世纪70年代NASA的国家空间技术实验室研究的"砾石床"系统。1974年德国首先创造了人工湿地。此后在欧洲国家、美国、加拿大等国家得到了推广和规模发展。

我国对人工湿地的研究始于20世纪50年代，中国科学院水生生物研究所是最早开展人工湿地生态工程的单位。一大批湿地科学家开展了石化废水的氧化塘生物处理、城市污水和湖泊综合污染、水生态重建等研究，取得了大量的研究成果，为我国污水处理提供了科学方法，为人工湿地的构建和工程师范提供了设计参数，也为进一步深入研究奠定了基础。

20世纪90年代中期吴振斌组织申报成功了欧洲联盟重大国际科技合作项目"热带与亚热带区域水质改善、回用与水生态系统重建的生物工艺学对策研究"。研发了以复合垂直流人工湿地（IVCW）为核心的生态工程技术，对湿地系统的结构流程、植物选择与组合、处理效果、净化机制、运行管理等方面展开了系统研究，发表大量论文并获得国家专利。此研究成果已广泛应用于地表径流面源污染、城镇综合污水、渔业养殖、公园水质调控，食品、造纸、矿山等工业废水的处理和回用；也用于河流、湖泊、近岸海域污染水体的修复等诸多领域。这不仅对推进我国人工湿地的构建、污水处理与回用具有重要指导意义，且对世界范围内人工湿地的研究和应用也产生了重大影响。

2.6.1.3 人工湿地的分类

根据湿地中主要植物形式人工湿地可分为浮游植物系统、挺水植物系统、沉水植物系统。目前所指的人工湿地一般都是挺水植物系统。

根据污水在湿地中水面位置不同分为表面流人工湿地系统（图2-26）、潜流人工湿地系统（图2-27）和垂直流人工湿地系统（图2-28）。

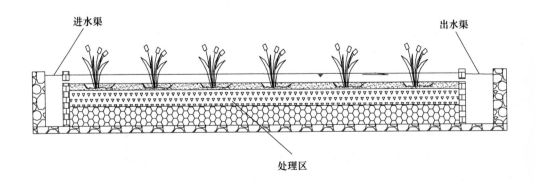

图2-26　表面流人工湿地系统

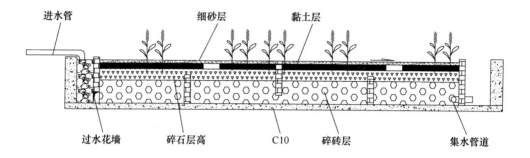

图 2-27 潜流人工湿地系统

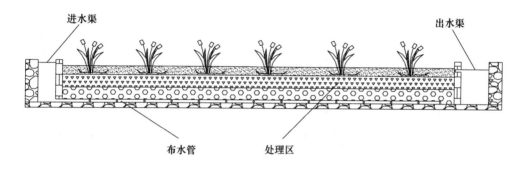

图 2-28 垂直流人工湿地系统

表面流人工湿地（SFCW）类似于自然湿地，污水从湿地床表面流过，污染物的去除依靠植物根茎的拦截作用以及根茎上生成的生物膜的降解作用。这种湿地造价低，运行管理方便，但是不能充分利用填料以及植物根系的作用，在处理废水的过程中容易产生异味、孳生蚊蝇，在实际应用中一般不采用。

潜流人工湿地（SSFCW）系统中，污水在湿地床中流过，因而能充分利用湿地中的填料，并且卫生条件好于表面流人工湿地。

根据污水在湿地中水流方向的不同，潜流人工湿地可分为水平流人工湿地和垂直流人工湿地。

水平流人工湿地（HSFCW）系统：污水以近水平流方式在系统表面以下流向出口。

垂直流人工湿地（VSFCW）系统：该系统通常在整个表面设置配水系统，并周期性进水。通过系统下部出水，水流在系统表面以下，目的是系统可以排空水，以最大程度地进行氧补给。也有部分是连续进水的。

2.6.1.4 人工湿地的构造

人工湿地是由填料、水生植物共同组成的独特的动植物生态系统。

A 湿地填料的选择

填料的选择对人工湿地的处理效果有很大的影响。填料在人工湿地中为植物提供物理支持，为各种化合物和复杂离子提供反应界面及对微生物提供附着。常用到的填料有土壤、砾石、砂、沸石、碎瓦片、灰渣等。根据处理目的、污染物的特征不同而有不同的填料选择。一般来说，以处理 SS、COD 和 BOD 为主要特征污染物时可选用土壤、细砂、粗砂、砾石、碎瓦片或灰渣中的一种或几种为填料。对脱 N 除 P 要求高的，可以选择对这两者有较强去除能力的填料进行优化组合。如采用沸石和石灰石的结合，既考虑了沸石对 NH_3-N 的吸附，又利用了石灰石对 P 的高吸附特性，达到同时脱 N 除 P 的目的。现在填料的选择多偏向于较大颗粒的粒径，原因是水流在粒径较大的填料床内的短路最小，能够形成渠流，并且堵塞现象发生少，不易分散。

B 水生植物的选择

植物是人工湿地的重要组成部分。水生植物在人工湿地的作用有：将景观水中的部分污染物作为自身生长的养料而被吸收；能够将某些有毒物质的重金属富集、转化、分解成无毒物质；根系生长有利于景观水均匀地分布在湿地植物床过水断面上，向根区输送氧气创造有利于微生物降解有机污染物的良好根区环境；增加或稳定土壤的透水性。

可用于组合式湿地的植物有芦苇、香蒲、灯心草、风车草、水葱、香根草、浮萍等，其中应用最广的是芦苇。植物的选择最好是取当地的或本地区天然湿地中存在的植物，以保证对当地气候环境的适应性，并尽可能地增加湿地系统的生物多样性，以提高湿地系统的综合处理能力。植物的栽种方式有播种法和移栽插种法，移栽插种比较经济快捷。

2.6.1.5 人工湿地的去除机理

人工湿地对废水的处理综合了物理、化学和生物的三种作用。湿地系统成熟后，填料表面和植物根系将由于大量微生物的生长而形成生物膜。废水流经生物膜时，大量的 SS 被填料和植物根系阻挡截留，有机污染物则通过生物膜的吸收、同化及异化作用而被除去。湿地系统中因植物根系对氧的传递释放，使其周围的环境中依次出现好氧、缺氧、厌氧状态，保证了废水中的氮磷不仅能通过植物和微生物作为营养吸收，而且还可以通过硝化、反硝化作用将其除去，最后湿地系统更换填料或收割栽种植物将污染物最终除去。

A 氮的去除

人工湿地处理系统对氮的去除作用包括基质的吸附、过滤、沉淀以及氨的挥发，植物的吸收和微生物硝化、反硝化作用。

另外，人工湿地中的填料也可通过一些物理和化学的途径如吸收、吸附、过滤、离子交换等去除一部分污水中的氮。但氮的去除主要还是通过湿地中微生物的硝化和反硝化作用。在土壤-植物系统中，有机氮首先被截留或沉淀，然后在微生物的作用下转化为氨态氮，由于土壤颗粒带有负电荷，氨离子很容易被吸附，土壤微生物通过硝化作用将氨离子转化为 NO_3^-，再经反硝化菌作用变成 N_2 逸出。同时污水中的无机氮可作为植物生长过程中不可缺少的物质而直接被植物摄取，并合成植物蛋白质等有机氮，通过植物的收割而从废水和湿地系统中去除。

氮在微生物的作用下进行氨氮的硝化过程，其反应方程式为：

$$NH_4^+ \longrightarrow NO_2^- \longrightarrow NO_3^-$$

在远离根区的部位，由于缺氧环境而进行反硝化过程，从而使氮以气体的形式而除去，其反应方程式为：

$$NO_3^- \longrightarrow NO_2^- \longrightarrow NO \longrightarrow N_2O \longrightarrow N_2$$

湿地底部有机物的分解和生物降解及底部较低的 NO 的浓度，以及充足的有机物做碳源，这些都为反硝化过程的进行创造了条件。

人工湿地中的溶解氧呈区域性变化，连续呈现好氧、缺氧及厌氧 3 种状态，相当于许多串联或并联 A^2/O 处理单元，使硝化和反硝化作用可以同时进行。在此环境下，有机氮经氨化作用转化为氨氮，在好氧条件下，氨氮经亚硝化、硝化作用分别转变为 NO_2^--N 和 NO_3^--N，然后它们在缺氧和有机碳源的条件下，经反硝化作用被还原为 N_2，释放到大气中，达到最终脱氮的目的。

湿地中氮的循环与转化如图 2-29 所示。

B 磷的去除

磷在人工湿地系统中的去除主要有 3 个方面的作用，即微生物正常的同化或植物的吸收作用、聚磷菌的过量摄磷作用、基质的物理化学作用，其中最主要的是基质对磷的吸附作用及其纳磷容量。

人工湿地系统对磷的去除是由植物吸收、微生物去除及填料的物理化学作用而完成的。如同无机氮一样，废水中的无机磷在植物吸收及同化作用下，可变成植物的有机成分（如 ATP、DNA、RNA 等），通过植物的收割而得以去除。

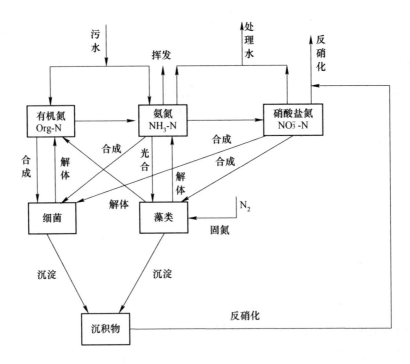

图 2-29 湿地中氮的循环与转化

　　填料的物理化学作用主要是填料对磷的吸收、过滤和与磷酸根离子的化学反应，因填料不同而存在差异。填料中含有较多的 Fe、Al 及 Ca 的离子时能有利于对磷的去除。研究报道，以花岗石和黏性土壤为主要介质的湿地能高效去除水中的磷物质，就是因为土壤中含有较丰富的铁、铝离子，而花岗石含钙离子较多，能与磷酸根离子结合形成不溶性盐固定下来。但填料对磷的这种吸附和沉淀作用并不是永久性的，而是部分可逆的。实验表明，土壤对磷的吸附过程存在着积累现象，当达到饱和状态后，会降低对磷的去除率。当污水中磷的浓度过低时，填料中会有部分被吸附的磷重新回到水中。吴振斌等的研究表明，在系统运行初期，进水无机磷含量较低的情况下（0~0.05mg/L 之间），填料向系统中释放了磷酸盐，致使出水无机磷浓度升高。而且还研究发现植物的生长状况也直接影响到去除效果的好坏，在春季和夏季，植物生长迅速，生物量增加，对磷的吸收加快，出水中磷含量减少；而在秋季植物枯萎后，吸收速度放慢；冬季死亡的植株会释放磷到湿地中，致使出水磷含量上升，无机磷含量甚至高于进水。因此，对植物的及时收割和填料的定期更换有助于延长湿地系统的处理寿命。

　　微生物对磷的去除，包括对磷的正常同化作用（将磷纳入其分子组成）和对磷的过量积累。一般二级污水处理中，当进水磷含量为 10mg/L 时，微生物对磷的正常同化（形成污泥组成式 $C_{60}H_{87}O_{23}N_{12}P$ 的一部分）去除，仅是进水总量的 4.5%~19%，所以，微生物除磷主要是通过强化后对磷的过量积累来完成的。对磷的过量积累，得益于湿地植物光合作用中光反应、暗反应，形成根毛输氧多少的交替出现，以及系统内部不同区域对氧消耗量的差异，从而导致了系统中厌氧、好氧状态的交替出现。

地表流人工湿地系统对磷的去除效果要好于潜流式人工湿地系统，地表流人工湿地处理系统的出水中总磷含量一般小于 1mg/L。而潜流式人工湿地的情况则比较复杂，去除率变化较大，从 40%左右到 90%以上都有报道。当进水的总磷浓度在 2~3mg/L 和总氮浓度在 32mg/L 左右时，芦苇湿地系统对总磷和总氮的去除率可分别达到 86.3%~90.9% 和 74.7%~92.6%。

湿地中磷的循环与转化如图 2-30 所示。

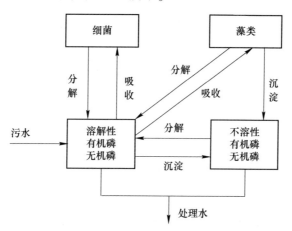

图 2-30 湿地中磷的循环与转化

C 人工湿地对悬浮物、病原菌及重金属的去除

对于潜流式人工湿地，对悬浮物的去除主要是通过湿地填料的吸附和截流，其原理类似于砂滤，所以具有较高的去除率。也正是因为这样，为防止堵塞潜流式人工湿地，对进水的无机悬浮物浓度要求较高（小于 20mg/L）。

当污水通过基质层时，寄生虫卵被沉降、截留。细菌和病原体在湿地中的去除主要通过紫外线照射等实现，另外植物根系和某些细菌的分泌物对病毒也有灭活作用，但也有研究表明：当病菌在水体中和悬浮固体颗粒结合在一起，由液相转向固相时，其在水中的存活期更长些，使病毒和细菌的灭活率不高。因此，在污水处理过程中不能忽视这个问题。

人工湿地中含有溶解性重金属和不溶性重金属，去除重金属的途径有多种。过程主要体现在：基质、微生物和植物三者的协调作用下，利用物理、化学和生物方法，通过土壤或填料对溶解性重金属的吸附和反应、植物对溶解性重金属的吸收作用、不溶性重金属随悬浮颗粒沉淀以及溶解性重金属以难溶性化合物的形式沉淀来实现对重金属的去除。

当重金属进入湿地系统后，大部分金属通过络合和螯合作用被基质和根部固定，因为土壤中含有很大表面积和表面能的有机胶体、无机胶体、有机无机复合胶体等胶体颗粒，这些胶体颗粒具有吸附和同时与表面的离子发生离子交换作用，从而有效地去除重金属污染物。

2.6.1.6 人工湿地系统的工艺流程

人工湿地系统的流态主要有四种：推流式、阶梯进水式、回流式和综合式。阶梯进水式可以避免填料床前部的堵塞问题，有利于床后部的硝化脱氮作用的发生；回流式可以对进水中的 BOD_5 和 SS 进行稀释，增加进水中的溶解氧浓度并减少处理出水中可能出现的臭味问题，出水回流同样还可以促进填料床中的硝化和反硝化脱氮作用；综合式则一方面设置了出水回流，另一方面还将进水分布到填料床的中部以减轻填料床前端的负荷。

人工湿地系统的运行方式可根据其处理规模的大小及处理目的不同，对地表流、潜流、垂直流三种湿地类型进行多种方式的有机组合，一般有单一式、并联式、串联式和综合式四种。

为满足工程总体要求，人工湿地进水水质及减轻湿地污染负荷，一般会在湿地之前对污水进行预处理，预处理包括格栅、沉砂、初沉、均质、水解酸化等，为满足出水达标排放或回用要求，可在人工湿地后设置处理工艺，如活性炭吸附、混凝沉淀、过滤、消毒、稳定塘等，典型人工湿地工艺流程如图 2-31 所示。

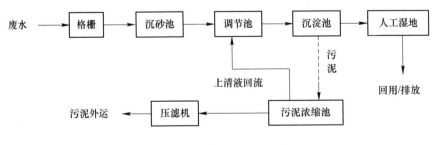

图 2-31 典型人工湿地工艺流程

2.6.1.7 人工湿地设计参数

人工湿地设计参数见表 2-24。

表 2-24 人工湿地主要设计参数

人工湿地类型	BOD$_5$ 负荷/kg · (hm^2 · d)$^{-1}$	水力负荷/m^3 · (m^2 · d)$^{-1}$	水力停留时间/d
表面流人工湿地	15~50	<0.1	4~8
水平潜流人工湿地	80~120	<0.5	1~3
垂直潜流人工湿地	80~120	<1.0（建议值：北方 0.2~0.5；南方：0.4~0.8）	1~3

2.6.2 生物氧化塘

2.6.2.1 氧化塘或生物塘简介

生物氧化塘俗称氧化塘或生物塘，是一种利用天然净化能力对污水进行处理的构筑物的总称。其净化过程与自然水体的自净过程相似。通常是将土地进行适当的人工修整，建成池塘，并设置围堤和防渗层，依靠塘内生长的微生物来处理污水。主要利用菌藻的共同作用处理废水中的有机污染物。

生物氧化塘作为污水处理方法，早在 20 世纪初就已被世界上的许多国家采用，现仍处在发展状态。在澳大利亚、非洲、欧洲、亚洲、加拿大、美国等国家和地区仍广泛采用氧化塘来处理生活污水、城市混合污水和某些工业废水。

目前，生物氧化塘多用于处理中、小城镇的污水，可用作一级处理、二级处理，也可以用作三级处理。在我国，特别是在缺水干旱的地区，生物氧化塘是实施污水的资源化利用的有效方法，所以生物氧化塘处理污水成为我国着力推广的一项新技术。

生物氧化塘优点为：

（1）能充分利用地形，结构简单，建设费用低。采用污水处理生物氧化塘系统，可以利用荒废的河道、沼泽地、峡谷、废弃的水库等地段，建设结构简单，大多以土石结构为主，具有施工周期短、易于施工和基建费用低等优点。污水处理与利用生态工程的基建投资为相同规模常规污水处理厂的 1/3 ~ 1/2。

（2）可实现污水资源化和污水回收及再用，实现水循环，既节省了水资源，又获得了经济收益。生物氧化塘处理后的污水，可用于农业灌溉，也可在处理后的污水中进行水生植物和水产的养殖。将污水中的有机物转化为水生作物、鱼、水禽等物质，提供给人们使用或其他用途。如果考虑综合利用的收入，还有可能达到收支平衡，甚至有所盈余。

（3）处理能耗低，运行维护方便，成本低。风能是生物氧化塘的重要辅助能源之一，经过适当的设计，可在生物氧化塘中实现风能的自然曝气充氧，从而达到节省电能降低处理能耗的目的。此外，在生物氧化塘中无需复杂的机械设备和装置，这使得生物氧化塘的运行更加稳定并保持良好的处理效果，而且其运行费用仅为常规污水处理厂的 1/5 ~ 1/3。

（4）美化环境，形成生态景观。将净化后的污水引入人工湖中，用作景观和游览的水源。由此形成的处理与利用生态系统不仅将成为有效的污水处理设施，而且将成为现代化生态农业基地和游览的胜地。

（5）污泥产量少。生物氧化塘污水处理技术的另一个优点就是产生污泥量小，仅为活性污泥法所产生污泥量的 1/10。前端处理系统中产生的污泥可以送至该生态系统中的藕塘或芦苇塘或附近的农田，作为有机肥加以使用和消耗。前端带有厌氧塘或碱性塘的塘系统，通过厌氧塘或碱性塘底部的污泥发酵坑使污泥发生酸化、水解和甲烷发酵，从而使有机固体颗粒转化为液体或气体，可以实现污泥等零排放。

（6）能承受污水水量大范围的波动，其适应能力和抗冲击能力强。我国许多城市其污水 BOD 浓度很小，低于 100mg/L，活性污泥法尤其是生物氧化沟往往无法正常运行，而生物氧化塘不仅能够有效地处理高浓度有机物水，也可以处理低浓度污水。

但生物氧化塘也存在不足之处。生物氧化塘缺点为：

（1）占地面积过于多。

（2）气候对生物氧化塘的处理效果影响较大。

（3）若设计或运行管理不当，则会造成二次污染。

（4）易产生臭味和滋生蚊蝇。

生物氧化塘工作原理如图 2-32 所示。

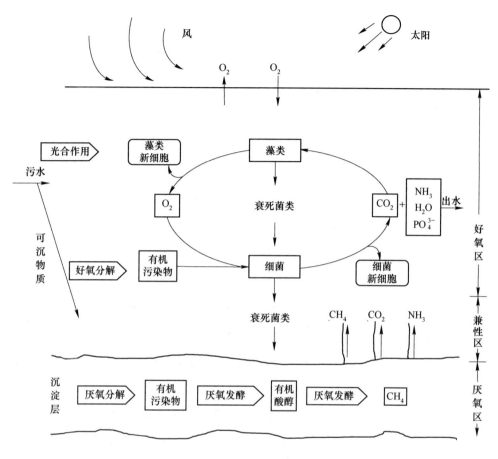

图 2-32 生物氧化塘工作原理

2.6.2.2 设计参数

设计参数见表 2-25。

表 2-25 设计参数

项 目	好氧塘	兼性塘	曝气塘	厌氧塘
典型 BOD 负荷 /g·(m²·d)⁻¹	8.5~17	2.2~6.7	8~32	16~80
常用停留时间/d	35	5~30	3~10	20~50
水深/m	0.3~0.5	1.2~2.5	2~6	2.5~5
BOD₅ 去除率/%	80~95	50~75	50~80	50~70

项 目	好氧塘	兼性塘	曝气塘	厌氧塘
出水中藻类浓度/mg·L^{-1}	>100	10~50	0	0
主要用途及优缺点	处理其他生物处理的出水。水溶性BOD$_5$浓度低，但藻类固体含量高，因而用途受到限制	处理城市原污水及初级处理、生物滤池、曝气塘或厌氧塘出水。运行管理方便，适应能力强，是氧化塘中最常用的池型	常接在兼性塘后，用于工业废水的处理。易于操作维护，塘水混合均匀，有机负荷和去除率高	用于高浓度有机废水的初级处理，后接好氧塘可提高出水水质。污泥量少，有机负荷高。但出水水质差，并产生臭气

2.6.2.3 生物塘分类

生物塘的分类常按塘内的微生物类型、供氧方式和功能等进行划分，可分类如下：

(1) 好氧塘。好氧塘的深度较浅，阳光能透至塘底，全部塘水都含有溶解氧，塘内菌藻共生，溶解氧主要是由藻类供给，好氧微生物起净化污水作用。

(2) 兼性塘。兼性塘的深度较大，上层为好氧区，藻类的光合作用和大气复氧作用使其有较高的溶解氧，由好氧微生物起净化污水作用；中层的溶解氧逐渐减少，称兼性区（过渡区），由兼性微生物起净化作用；下层塘水无溶解氧，称厌氧区，沉淀污泥在塘底进行厌氧分解。

(3) 厌氧塘。厌氧塘的塘深在 2m 以上，有机负荷高，全部塘水均无溶解氧，呈厌氧状态，由厌氧微生物起净化作用，净化速度慢，污水在塘内停留时间长。

(4) 曝气塘。曝气塘采用人工曝气供氧，塘深在 2m 以上，全部塘水有溶解氧，由好氧微生物起净化作用，污水停留时间较短。

(5) 深度处理塘。深度处理塘又称三级处理塘或熟化塘，属于好氧塘。其进水有机污染物浓度很低，一般 BOD$_5$≤30mg/L。常用于处理传统二级处理厂的出水，提高出水水质，以满足受纳水体或回用水的水质要求。

除上述几种常见的稳定塘以外，还有水生植物塘（塘内种植水葫芦、水花生等水生植物，以提高污水净化效果，特别是提高对磷、氮的净化效果）、生态塘（塘内养鱼、鸭、鹅等，通过食物链形成复杂的生态系统，以提高净化效果）、完全储存塘（完全蒸发塘）等也正在被广泛研究、开发和应用。

2.6.2.4　好氧塘

A　好氧塘的种类

根据在处理系统中的位置和功能，好氧塘有高负荷好氧塘、普通好氧塘和深度处理好氧塘三种。

（1）高负荷好氧塘：这类塘设置在处理系统的前部，目的是处理污水和产生藻类。特点是塘的水深较浅，水力停留时间较短，有机负荷高。

（2）普通好氧塘：这类塘用于处理污水，起二级处理作用。特点是有机负荷较高，塘的水深较高负荷好氧塘大，水力停留时间较长。

（3）深度处理好氧塘：深度处理好氧塘设置在塘处理系统的后部或二级处理系统之后，作为深度处理设施。特点是有机负荷较低，塘的水深较高负荷好氧塘大。

B　基本工作原理

好氧塘净化有机污染物的基本工作原理：塘内存在着菌、藻和原生动物的共生系统。有阳光照射时，塘内的藻类进行光合作用，释放出氧，同时，由于风力的搅动，塘表面还存在自然复氧，二者使塘水呈好氧状态。塘内的好氧型异养细菌利用水中的氧，通过好氧代谢氧化分解有机污染物并合成本身的细胞质（细胞增殖），其代谢产物则是藻类光合作用的碳源。

藻类光合作用使塘水的溶解氧和 pH 值呈昼夜变化。白昼，藻类光合作用释放的氧，超过细菌降解有机物的需氧量，此时塘水的溶解氧浓度很高，可达到饱和状态。夜间，藻类停止光合作用，且由于生物的呼吸消耗氧，水中的溶解氧浓度下降，凌晨时达到最低。阳光再照射后，溶解氧再逐渐上升。好氧塘的 pH 值与水中 CO_2 浓度有关，受塘水中碳酸盐系统的 CO_2 平衡关系影响。

白天，藻类光合作用使 CO_2 降低，pH 值上升。夜间，藻类停止光合作用，细菌降解有机物的代谢没有中止，CO_2 累积，pH 值下降。

C　好氧塘内的生物种群

好氧塘内的生物种群主要有藻类、菌类、原生动物、后生动物、水蚤等微型动物。

菌类主要生存在水深 0.5m 的上层，浓度为 $1 \times 10^8 \sim 5 \times 10^9$ 个/mL，主要种属与活性污泥和生物膜相同。

原生动物和后生动物的种属数与个体数，均比活性污泥法和生物膜法少。水蚤捕食藻类和菌类，本身则是好的鱼饵，但过分增殖会影响塘内菌和藻的数量。

藻类的种类和数量与塘的负荷有关，它可反映塘的运行状况和处理效果。若塘水营养物质浓度过高，会引起藻类异常繁殖，产生藻类水华，此时藻类聚结形成蓝绿色絮状体和胶团状体，使塘水浑浊。

D 好氧塘的设计

好氧塘工艺设计的主要内容是计算好氧塘的尺寸和个数。目前，对好氧塘的设计尚没有较严密的理论计算方法和设计方法，多采用经验数据进行设计。以下是好氧塘的典型设计参数。

好氧塘主要尺寸的经验值如下：

(1) 好氧塘多采用矩形，表面的长宽比为 (3:1)~(4:1)，一般以塘深 1/2 处的面积作为计算塘面。塘堤的超高为 0.6~1.0m。单塘面积不宜大于 40000m²。

(2) 塘堤的内坡坡度为 (1:2)~(1:3) (垂直:水平)，外坡坡度为 (1:2)~(1:5) (垂直:水平)。

(3) 好氧塘的座数一般不少于 3 座，规模很小时不少于 2 座。

2.6.2.5 兼性塘

A 兼性塘的基本工作原理

兼性塘的有效水深一般为 1.0~2.0m，通常由三层组成，上层好氧区、中层兼性区和底部厌氧区。

好氧区对有机污染物的净化机理与好氧塘基本相同。

兼性区的塘水溶解氧较低，且时有时无。这里的微生物是异养型兼性细菌，它们既能利用水中的溶解氧氧化分解有机污染物，也能在无分子氧的条件下，以硝酸根和碳酸根作为电子受体进行无氧代谢。

厌氧区无溶解氧。可沉物质和死亡的藻类、菌类在此形成污泥层，污泥层中的有机质由厌氧微生物对其进行厌氧分解。与一般的厌氧发酵反应相同，其厌氧分解包括酸发酵和甲烷发酵两个过程。发酵过程中未被甲烷化的中间产物（如脂肪酸、醛、醇等）进入塘的上、中层，由好氧菌和兼性菌继续进行降解。而 CO_2、NH_3 等代谢产物进入好氧层，部分逸出水面，部分参与藻类的光合作用。

由于兼性塘的净化机理比较复杂，因此兼性塘去除污染物的范围比好氧处理系统广泛，它不仅可去除一般的有机污染物，还可有效地去除磷、氮等营养物质和某些难降解的有机污染物，如木质素、有机氯农药、合成洗涤剂、硝基芳烃等；因此，它不仅用于处理城市污水，还被用于处理石油化工、有机化工、印染、造纸等工业废水。

B 兼性塘的设计

兼性塘一般采用负荷法进行计算，我国尚未建立较完善的设计规范。主要设计参数依靠经验数据获得。

兼性塘主要尺寸的经验值如下：

(1) 兼性塘一般采用矩形，长宽比为（3∶1）~（4∶1）。塘的有效水深为1.2~2.5m，超高为0.6~1.0m，储泥区高度应大于0.3m。

(2) 兼性塘堤坝的内坡坡度为（1∶2）~（1∶3）（垂直∶水平），外坡坡度为（1∶2）~（1∶5）。

(3) 兼性塘一般不少于3座，多采用串联，其中第一塘的面积占兼性塘总面积的30%~60%，单塘面积应小于40000m²，以避免出现布水不均匀或波浪较大等问题。

2.6.2.6 厌氧塘

A 厌氧塘的基本工作原理

厌氧塘对有机污染物的降解，与所有的厌氧生物处理设备相同，是由两类厌氧菌通过产酸发酵和甲烷发酵两阶段来完成的。即先由兼性厌氧产酸菌将复杂的有机物水解、转化为简单的有机物（如有机酸、醇、醛等），再由绝对厌氧菌（甲烷菌）将有机酸转化为甲烷和二氧化碳等。由于甲烷菌的世代时间长、增殖速度慢，且对溶解氧和 pH 值敏感，因此厌氧塘的设计和运行，必须以甲烷发酵阶段的要求作为控制条件，控制有机污染物的投配率，以保持产酸菌与甲烷菌之间的动态平衡。应控制塘内的有机酸浓度在 3000mg/L 以下，pH 值为 6.5~7.5，进水的 $BOD_5∶N∶P$ 为 100∶2.5∶1，硫酸盐浓度应小于 500mg/L，以使厌氧塘能正常运行。

B 厌氧塘的设计和应用

厌氧塘的设计通常是用经验数据，采用有机负荷进行设计的。设计的主要经验数据如下：

(1) 有机负荷。有机负荷的表示方法有三种：BOD_5 表面负荷 $[kgBOD_5/(m^2 \cdot d)]$、BOD_5 容积负荷 $[kgBOD_5/(m^3 \cdot d)]$、VSS 容积负荷 $[kgVSS/(m^3 \cdot$

d)]，我国采用 BOD$_5$ 表面负荷。处理城市污水的建议负荷值为 0.02~0.06kg/(m^2·d)。对于工业废水，设计负荷应通过试验确定。

VSS 容积负荷用于处理 VSS 很高的废水，如家禽粪尿废水、猪粪尿废水、菜牛屠宰废水等。

(2) 厌氧塘一般为矩形，长宽比为（2：1）~（2.5：1）。单塘面积不大于 40000m^2。塘的有效水深一般为 2.0~4.5m，储泥深度大于 0.5m，超高为 0.6~1.0m。

(3) 厌氧塘的进水口离塘底 0.6~1.0m，出水口离水面的深度应大于 0.6m。使塘的配水和出水较均匀，进、出口的个数均应大于两个。

由于厌氧塘的处理效果不高，出水 BOD$_5$ 浓度仍然较高，不能达到二级处理水平，因此，厌氧塘很少单独用于污水处理，而是作为其他处理设备的前处理单元。厌氧塘前应设置格栅、普通沉砂池，有时也设置初次沉淀池，其设计方法与传统二级处理方法相同。厌氧塘的主要问题是产生臭气，目前是利用厌氧塘表面的浮渣层或采取人工覆盖措施（如聚苯乙烯泡沫塑料板）防止臭气逸出。也有用回流好氧塘出水使其布满厌氧塘表层来减少臭气逸出。

厌氧塘宜用于处理高浓度有机废水，如制浆造纸、酿酒、农牧产品加工、农药等工业废水和家禽粪尿废水等，也可用于处理城镇污水。

2.6.2.7 曝气塘

曝气塘是在塘面上安装有人工曝气设备的稳定塘。曝气塘有两种类型：(1) 完全混合曝气塘；(2) 部分混合曝气塘。塘内生长有活性污泥，污泥可回流也可不回流，有污泥回流的曝气塘实质上是活性污泥法的一种变型。微生物生长的氧源来自人工曝气和表面复氧，以前者为主。曝气设备一般采用表面曝气机，也可用鼓风曝气。

完全混合曝气塘中曝气装置的强度应能使塘内的全部固体呈悬浮状态，并使塘水有足够的溶解氧供微生物分解有机污染物。

部分混合曝气塘不要求保持全部固体呈悬浮状态，部分固体沉淀并进行厌氧消化。其塘内曝气机布置较完全混合曝气塘稀疏。

曝气塘出水的悬浮固体浓度较高，排放前需进行沉淀，沉淀的方法可以用沉淀池，或在塘中分割出静水区用于沉淀。若曝气塘后设置兼性塘，则兼性塘要在进一步处理其出水的同时起沉淀作用。

曝气塘的水力停留时间为 3~10d，有效水深为 2~6m。曝气塘一般不少于 3

座，通常按串联方式运行。完全混合曝气塘每立方米塘容积所需功率较小（0.015~0.05kW/m³），但由于其水力停留时间长，塘的容积大，所以每处理 1m³ 污水所需功率大于常规活性污泥法的曝气池。

2.6.2.8 稳定塘系统的工艺流程

稳定塘处理系统由预处理设施、稳定塘和后处理设施三部分组成。

A　稳定塘进水的预处理

为防止稳定塘内污泥淤积，污水进入稳定塘前应先去除水中的悬浮物质。常用设备为格栅、普通沉砂池和沉淀池。若塘前有提升泵站，而泵站的格栅间隙小于 20mm 时，塘前可不另设格栅。原污水中的悬浮固体浓度小于 100mg/L 时，可只设沉砂池，以去除砂质颗粒。原污水中的悬浮固体浓度大于 100mg/L 时，需考虑设置沉淀池。设计方法与传统污水二级处理方法相同。

B　稳定塘的流程组合

稳定塘的流程组合依当地条件和处理要求不同而异，图 2-33 为几种典型的流程组合。

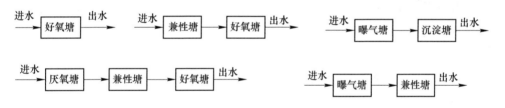

图 2-33　几种典型的稳定塘流程组合

C　稳定塘塘体设计要点

（1）塘的位置。稳定塘应设在居民区下风向 200m 以外，以防止塘散发的臭气影响居民区。此外，塘不应设在距机场 2km 以内的地方，以防止鸟类（如水鸥）到塘中觅食、聚集，对飞机航行构成危险。

（2）防止塘体损害。为防止浪的冲刷，塘的衬砌应在设计水位上下各 0.5m以上。若需防止雨水冲刷时，塘的衬砌应做到堤顶。衬砌方法有干砌块石、浆砌块石和混凝土板等。

在有冰冻的地区，背阴面的衬砌应注意防冻。若筑堤土为黏土时，冬季会因毛细作用吸水而冻胀，因此，在结冰水位以上应置换为非黏性土。

（3）塘体防渗。稳定塘渗漏可能污染地下水源，若塘出水考虑再回用，则塘体渗漏会造成水资源损失，因此，塘体防渗是十分重要的。但某些防渗措施的工程费用较高，选择防渗措施时应十分谨慎。防渗方法有素土夯实、沥青防渗衬面、膨润土防渗衬面和塑料薄膜防渗衬面等。

（4）塘的进出口。进出口的形式对稳定塘的处理效果有较大的影响。设计时应注意配水、集水均匀，避免短流、沟流及混合死区。主要措施为采用多点进水和出水；进口、出口之间的直线距离尽可能大；进口、出口的方向避开当地主导风向。

2.6.3　自然土地处理

2.6.3.1　污水土地处理系统

污水土地处理系统也称土地灌溉系统和草地灌溉系统。此系统是将污水经过一定程度的预处理，然后有控制地投配到土地上，利用土壤-微生物-植物生态系统的自净功能和自我调控机制，通过一系列物理、化学和生物化学等过程，使污水达到预定处理效果的一种污水处理技术。

污水土地处理系统是通过合理利用自然生态系统的净化功能，低成本、低能耗的城市污水处理技术。利用一二级处理后的改良污水灌溉土壤-植物系统，不仅充分利用了水肥资源，而且起到了"代三级处理"的作用，甚至在一定条件下，配合氧化塘、沉淀池等措施，它本身就是二级处理的重要组成部分。经过预处理的污水由专用的引水沟引入处理场地，固体物被植物截留，去除率能达到60%～80%，同时也降低了出水中的氮、磷和细菌的浓度。

土地处理系统的一般流程如图 2-34 所示。

图 2-34　污水土地处理流程

2.6.3.2　污水土地处理系统的发展

污水土地处理系统作为一种新的现代处理技术，其发展可追溯到公元前雅典的污水灌溉习惯；16 世纪德国出现了污水灌溉农业；19 世纪 70 年代这种方法传到了美国。

在早期的污灌实践中，人们的主要目的是把土地作为污水的受纳体，而不是主动、科学地利用和净化污水，使其达到预定的处理标准。由于当时人口稀少，可利用的土地多，加之土地处理的便利，污灌得到了广泛的应用。随着社会经济的发展，人口激增，土地资源紧张，而且污水中病原体对人体健康威胁增加，机械处理污水逐步代替了土地处理，污灌随之萧条。

近年来，由于水资源的短缺，迫使人们重新考虑利用土地处理净化污水。污水土地处理系统作为一种投资少、能耗低、成本低的现代废水处理新技术在许多国家得到了运用和发展。美国、澳大利亚、加拿大、墨西哥等国家在土地处理方面的研究和运用均取得了良好的效果。

我国污水土地处理方面的研究起步较晚，但也取得了一定进展和成果。近年来，污水土地处理的观念也发生了很大变化。之前较少考虑土地对污水的净化能力和充分利用其中的水肥资源，主要把土地作为污水的受纳体。目前污水土地处理系统工作不再盲目、被动，和污水的机械处理一样，经过合理设计达到预定的处理标准。

2.6.3.3　污水土地处理的优缺点

（1）土地处理系统的优点：污水土地处理成本低廉，基建投资省，运行费用低；运行简便，易于操作管理，节省能源；污水处理与农业利用相结合，能够充分利用水肥资源；能绿化大地，促进生态系统的良性循环。

采用污水土地处理系统，通过利用环境和自然条件，强化人工调控措施，不仅可取得满意的污水处理效果，而且可以充分回收再用水和营养物资源，大幅度地降低投资、运行费用和能耗。因地制宜的土地处理系统对于改善区域生态环境质量，也可以起到重要的作用。污水土地处理系统特有的工艺流程决定了它特有的技术经济特征，也决定了它适合北方干旱和半干旱地区的显著特点。

更重要的一点是，污水土地处理的整个净化过程属自然过程，不会像其他处理工艺一样在净化污水的过程中还会产生新的污染物质。

（2）土地处理系统的缺点：系统需要占用一定土地资源；设计和处理不当会恶化公共卫生状况；系统的副作用使公众不愿接受。

城市污水的土地处理如果场地选址和设计不合理可能导致环境卫生状况的恶化，传播许多以水为媒体的疾病，公众对此极为关注。

产生上述副作用的主要根源是病原体、重金属和有机毒物。病原体包括细菌、病毒、寄生虫等。对于病原体，人们关心的是它们在空气、土壤、作物和地下水中的作用的归宿。病原体传播的主要途径是：与污水的直接接触，病原体附着在气溶胶微粒上四处飞溅，借助食物链和饮用污染的水源传播。

因此污水土地处理系统对公共卫生状况影响的研究必须优先进行，这也是推广污水土地处理技术面临和必须解决的问题。

2.6.3.4 污水土地处理系统的工艺类型及其特性

现有比较成熟和被广泛应用的污水土地处理工艺有：

（1）污水慢速渗滤土地处理系统。污水慢速渗滤（SR）土地处理技术是土地处理技术中经济效益最大、水和营养成分利用率最高的一种类型。慢速渗滤系统是将污水投配到种有作物的土壤表面，污水在流经地表土壤-植物系统时得到充分净化的一种土地处理工艺类型。

在慢速渗滤系统中，土壤-植物系统的净化功能是其物理化学及生物学过程综合作用的结果，具体为：植物的吸收利用，土壤微生物及土壤酶的降解、转化和生物固定，土壤中有机物质胶体的吸收、络合、沉淀、离子交换、机械截留等物理化学固定作用，土壤中气体的扩散作用及淋溶作用。

（2）污水快速渗滤土地处理系统。污水快速渗滤（RI）土地处理系统是污水土地处理系统的一种基本类型，它主要是将污水有控制地投配到具有良好渗滤性的土壤表面，污水在向下渗滤过程中由于物理、化学和生物化学等一系列作用而得到净化。

快速渗滤系统的运转周期是一段时间投配污水，称之为淹水期，随之是数天或数周的干化期。该运行处理周期模式可以使渗滤土壤表面好氧条件周期性地再生，同时使截留在土壤表层的悬浮固体充分有效地分解。

（3）污水地表漫流土地处理系统。污水土地漫流（OF）工艺是将污水有控制地投配在生长着茂密植物，具有和缓坡度且土壤渗透性较低的土地表面上，污水呈薄层缓慢而均匀地在土表上流经一段距离后得到净化的一种污水处理方式。

土地漫流系统的净化机理是利用"土壤-植物-水"体系对污染物的巨大容纳、缓冲和降解能力。其中土表的生物膜对污染物有吸附、降解和再生作用；植物起了均匀布水的作用；阳光既可以提高系统活力，又可以杀灭病原体及促进污染物的分解；大气给了微生物良好的呼吸条件。在以上各方面的良好条件下，土地漫流系统构成了一个"活"的生物反应器，是一个高效低能耗的污水处理系统。

（4）污水人工湿地处理系统。人工湿地（CW）处理的反应机理是土壤中与植物共生的细菌利用空气分解污水中的有机质。当污水流过种有适当植物的湿地时，土壤于植物环境中富含的细菌生长，污水中有机质好氧分解。该系统不仅可以去除污水中的固体和溶解性有机质，也能去除部分氨氮。

（5）污水组合型处理系统。将以上工艺和技术组合使用，进一步改善工艺条件和处理效果，提高了再生水的利用价值。

表 2-26 和表 2-27 分别列出了上述各种典型处理工艺的设计技术指标和处理成本。

表 2-26　各种典型处理工艺的设计技术指标

项　目	水力负荷 /m·a^{-1}	BOD/mg·L^{-1}		COD/mg·L^{-1}		处理场地分格
		进水	出水	进水	出水	
快速渗滤（RI）	40	150	5	300	30	分格数为 3n，正方形 ≤200m，场地长宽比为 1：（0.33~0.67）
慢速渗滤（SR）	3.0	150	2	300	20	每格 200m×50m，场地长宽比为 1：（0.38~0.75）
	6.5	150	2	300	20	每格 200m×50m，场地长宽比为 1：（0.4~0.8）
土地漫流（OF）	15~18	150	2	300	20	每格小于 200m×38m，场地长宽比为 1：（0.49~0.83）
人工湿地（CW）	15	150	0	300	45	每格小于 200m×25m，场地长宽比为 1：（0.6~0.83）

表 2-27　各种典型处理工艺的设计处理成本

处理水量/m³·d^{-1}		500	1000	5000	10000	20000	50000	100000
处理成本 /元·（m³·d）$^{-1}$	RI	0.184	0.123	0.047	0.038	0.025	0.017	0.017
	SR1	0.199	0.124	0.052	0.042	0.029	0.020	0.014
	SR2	0.170	0.109	0.045	0.036	0.025	0.017	0.012
	OF	0.157	0.102	0.039	0.034	0.023	0.016	0.011
	CW	0.183	0.129	0.050	0.039	0.026	0.070	0.012

2.6.3.5 污水土地处理系统的应用前景

土地处理系统作为我国污水处理技术政策的重要组成部分，已经成为城市污水处理的革新、替代技术，尤其是对于中小城镇污水的处理，该技术具有一定的优势。地下渗滤系统、慢速渗滤系统、人工湿地系统以及其他类型土地处理系统在我国的不同地区有着广阔的应用前景。国内部分污水土地处理系统的运行数据见表 2-28。

表 2-28 国内部分污水土地处理系统的运行数据

场地及工艺	处理水量 /$m^3 \cdot d^{-1}$	处理效果/%					
		BOD	COD	SS	TOC	TN	TP
沈阳西慢滤系统	800	96.87	87.60	72.57	83.59	82.38	92.34
北京昌平快滤系统	500	95.80	91.90	71.98	82.40	79.30	89.00
北京昌平漫流系统	600	84.80	80.20	90.90	71.50	61.60	
白泥坑人工湿地系统	3150	95.01	80.47	93.00		39.40	

在遵循整体优化、循环再生与区域分异等生态学基本原理的前提下，加强土地处理系统基础理论与工艺技术的研究开发，加快其产业化进程，必将促进我国的环境保护与生态建设工作，从而带来巨大的环境效益、经济效益与社会效益。

2.7 物化法处理技术

2.7.1 絮凝

2.7.1.1 絮凝工艺流程

絮凝一级强化处理工艺流程如图 2-35 所示。化学药剂投加到混合池与原污

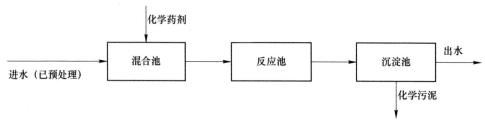

图 2-35 絮凝一级强化处理工艺流程

水快速混合并发生反应，然后进入反应池，发生化学絮凝反应，在沉淀池进行固液分离，上清液即为一级强化处理后的尾水，沉淀污泥即为富含有机污染物和化学药剂的化学污泥。

2.7.1.2 絮凝原理

絮凝反应主要是污水中溶解性正磷酸盐与投加的金属盐发生置换反成，生成低溶解度的固体，迅速沉淀下来。工程中常采用的化学药剂主要有铁盐、铝盐、钙盐和复合盐、聚合盐等，例如无水 $FeCl_3$、$FeCl_3 \cdot 6H_2O$、$Fe(SO_4) \cdot 7H_2O$、$Al_2(SO_4)_3 \cdot 18H_2O$、聚合硫酸铝、$Ca(OH)_2/CaO$ 等。凝聚过程中，通过胶体间的架桥、捕捉与网捕以及因粒子双电层厚度减少而导致粒子间排斥力降低等作用，胶体聚结为较大的颗粒。絮凝过程主要发生在反应池中，通过水力或机械搅拌，在水中形成速度梯度，使得颗粒互相碰撞，然后在一定条件下黏合在一起，从而形成絮体。为了增强絮凝效果，有时也在混合反应池中投加高分子聚合物。在反应池中控制速度梯度极其重要，可以借鉴净水厂设计中的成功经验，但不能采用空气搅拌形式促进混合反应。

化学絮凝一级强化处理对悬浮固体、胶体物质的去除均有明显的强化效果，SS 去除率可达 90% 以上，BOD_5 去除率 50% ~ 70%，COD_{Cr} 去除率 50% ~ 60%。除磷效果较好，一般都在 80% 以上，当接后续生物处理时，可降低生物反应器运行的负荷和能耗。

2.7.1.3 絮凝剂的选择

工程中常用的絮凝剂有两种，即无机絮凝剂和有机絮凝剂。

A 无机絮凝剂

城市污水絮凝一级强化处理中，采用的无机絮凝剂主要有铝盐、铁盐和石灰等。铁盐和铝盐投入水中，正价的金属离子会与水中的磷酸盐以及 OH^- 发生反应，与 PO_4^{3-} 结合会产生难溶的化合物 $AlPO_4$ 或 $FePO_4$。通过沉淀的方法就可以去除磷。铁盐和铝盐与 OH^- 反应生成金属氢氧化物 $Fe(OH)_2$ 和 $Al(OH)_3$，通过凝聚作用、絮凝作用、沉淀分离，可以去除污水中的胶体物质和细小的悬浮物。由于进水磷酸盐的溶解性受 pH 值的影响，所以不同的絮凝剂各有其最佳的 pH 值范围。铁盐的最佳 pH 值范围是 6 ~ 7，铝盐的范围是 5 ~ 5.5。金属絮凝剂对磷的去除率很高，一般情况下，出水总磷含量可满足低于 1.0mg/L 的排放要求。金属离子（铁盐和铝盐）虽然去除效果好，但由于降低了污水碱度，所以会对后续处理中的硝化带来一定影响。

采用 $Ca(OH)_2$（熟石灰）作为絮凝剂时，会与 SO_4^{2-} 发生反应，成羟磷灰石沉淀。由于随着 pH 值的升高，羟磷灰石的溶解性降低，所以对于 $Ca(OH)_2$ 作絮凝剂的 pH 值要求高于 8.5。

B 有机絮凝剂

有机絮凝剂主要是指合成的有机高分子絮凝剂，如聚丙烯酰胺（PAM）等，其有用量少、絮凝速度快、形成的矾花密实等优点，但价格普遍较高，一般用于辅助絮凝。正确选择絮凝剂和其加注量，对污水处理工艺的有效运行、污泥产量的减少和运行成本的降低起到重要作用。化学絮凝一级强化处理工艺选择絮凝剂以除磷（但也有 BOD_5、COD 和 SS）为主要目的，从有关文献中可知，典型的金属盐（如铁、钙、铝）投加量的变化范围是 1.0~2.0mol 金属盐/mol 磷去除，若同时配合使用 PAM 作为助凝剂，则产生的污泥比单独采用混凝剂生成的污泥结构更紧密，沉降性能更好，一般 PAM 投加量 0.5mg/L，可减少混凝剂 10mg/L 的投加量。

工程设计中对絮凝剂的选择和加注量，应通过实验室试验和生产试验确定，反应池应在实际应用中不断研究、不断优化，取得最佳去除效果和较低的运行成本。

2.7.1.4 气浮工艺

工程设计中絮凝往往和气浮联用，以获得最佳效果。

2.7.2 离子交换

工业用水处理中，可制取软化水、脱盐水和纯水。工业废水处理中，主要回收贵重金属离子，也用于放射性废水和有机废水的处理。

2.7.2.1 离子交换基本原理

离子交换剂中的可交换离子与溶液中其他同性离子的交换反应，是一种特殊的吸附过程，通常是可逆化学吸附。

离子交换是可逆反应，其反应式可表达为：

$$RH + M^+ \Longrightarrow RM + H^+$$

交换　交换　　　饱和

树脂　离子　　　树脂

在平衡状态下，树脂中及溶液中的反应物浓度符合下列关系式：

$$\frac{[RM][H^+]}{[RH][M^+]} = K \tag{2-16}$$

式中，K 为平衡常数，K 的大小能定量反映离子交换剂对某两个固定离子交换选择性的大小。

2.7.2.2 离子交换树脂

离子交换树脂是人工合成的高分子聚合物，由树脂本体（又称母体或骨架）和活性基团两部分组成。

种类：凝胶型树脂、大孔型树脂、多孔凝胶型树脂、巨孔型（MR 型）树脂、高巨孔型（超 MR 型）树脂。离子交换树脂按活性基因可分为含有酸性基团的阴离子交换树脂、含有碱性基团的阳离子交换树脂、含有胺羧基团等的螯合树脂、含有氧化还原基团的氧化还原树脂、两性树脂。

2.7.2.3 离子交换树脂的选用

A 离子交换树脂的有效 pH 值范围

离子交换树脂的有效 pH 值范围见表 2-29。

表 2-29 有效 pH 值范围

树脂类型	强酸性离子交换树脂	弱酸性离子交换树脂	强碱性离子交换树脂
有效 pH 值范围	1~14	5~14	1~12

B 交换容量

交换容量定量表示树脂交换能力的大小，单位为 mol/kg（干树脂）或 mol/L（湿树脂）。交换容量分类及定义如图 2-36 所示。

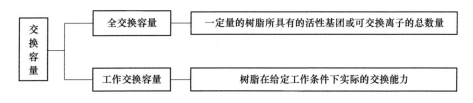

图 2-36 交换容量分类及定义

C 交联度

交联度是交联剂用量与单体质量的百分比。

交联度较高的树脂，孔隙度较低，密度较大，离子扩散速度较低，对半径较大的离子和水合离子的交换量较小，浸泡在水中时，水化度较低，形变较小，也就比较稳定，不易破碎。

D 交换势

交换势大，交换离子越容易取代树脂上的可交换离子，也就表明交换离子与树脂之间的亲和力越大。

离子的交换规律如下：离子的交换势，除同它本身和离子交换树脂的化学性质有关外，温度和浓度的影响都很大。在常温和低浓度水溶液中，阳离子的价态越高，它的交换势越大。在常温和低浓度水溶液中，同价阳离子的交换势大致上是原子序数越高，交换势越大；但是稀土元素情况正好相反。氢离子对阳离子交换树脂的交换势，取决于树脂的性质。在常温和低浓度水溶液中，对弱碱性阴离子交换树脂来说，酸根（阴离子）的交换序列如下：SO_4^{2-}＞CrO_4^{2-}＞柠檬酸根＞酒石酸根＞NO_3^-＞AsO_3^{3-}＞PO_4^{3-}＞MoO_4^{2-}＞醋酸根＞I^-＞Br^-＞Cl^-＞F^-。对强碱性阴离子交换树脂来说，离子的交换势随树脂的性质不同而不同，没有一般性的规律。氢氧根对阴离子交换树脂的交换势决定于树脂类型。离子价位高的有机离子和金属络合离子的交换势特别大。大孔型树脂具有很强的吸附性能，往往可以吸附废水中的非离子型杂质。高浓度时，上述次序不再适用。

E 综合考虑

应综合考虑原水水质、处理要求、交换工艺及投资和运行费用。

（1）应选择工作交换容量大的树脂。单位设备体积交换的离子多，一个交换周期的制水量就大。一般弱树脂的交换容量比强树脂大。

（2）根据原水中要去除离子的性质来选择树脂。当分离无机阳离子或有机碱性物质时，宜选用阳树脂；当分离无机阴离子或有机酸时，宜选用阴树脂；对氨基酸等两性物质的分离，既可选用阳树脂也可选用阴树脂。

（3）根据原水中要去除离子的性质来选择树脂。对某些贵金属和有毒金属离子（Hg），选用螯合树脂；对有机物（如酚），宜选用低交联度的大孔树脂。当去除交换势弱的离子时，须选用强树脂，当水中多种离子共存时，可利用交换性的差别进行多级回收，如果不需要回收，可利用阴阳树脂混床处理。

（4）根据原水中要去除离子的性质来选择树脂。还要考虑毒、害物质在水中的形态，如六价铬 CrO_4^{2-}、$Cr_2O_7^{2-}$，需用阴树脂。同时弱碱性树脂交换容量大，易再生，对铬离子的交换效果好。但是凝胶型树脂的抗氧化性差，不稳定，故要选用大孔型树脂。

（5）根据出水水质来选择。如果是部分除盐，选用强酸性阳树脂和弱碱性阴树脂配合使用。对全部脱盐的纯水，用强阳树脂和强阴树脂配合。

（6）要考虑原水中杂质成分，如有机物较多或要去除的离子半径较大，应选用交联网孔较大的树脂。

2.7.2.4 离子交换的设备和工艺

离子交换装置的分类如图 2-37 所示。

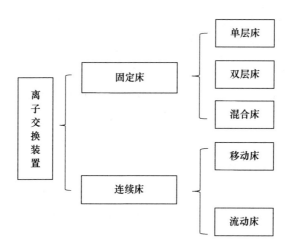

图 2-37 离子交换装置的分类

用于废水处理的离子交换系统（图 2-38）一般包括预处理设备、离子交换器、再生附属设备。

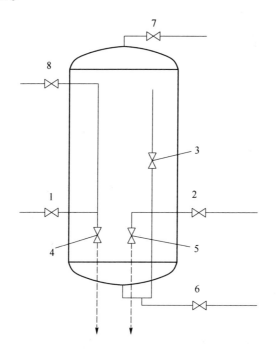

图 2-38 离子交换系统

1—进水阀；2—出水阀；3—反洗进水阀；4—反洗排水阀；5—清洗排水阀；
6—底部排水阀；7—排气阀；8—再生液进水阀

(1) 交换：开启进水阀 1 和出水阀 2，其余阀门关闭。

(2) 反洗：目的在于松动树脂层，以便下一步再生时，注入的再生液能分布均匀，同时也及时地清除积存在树脂层内的杂质、碎粒和气泡。先关闭阀门 1 和 2，打开反洗进水阀 3，然后再逐渐开大排水阀 4 进行反洗。

(3) 再生：先关闭阀门 3 和 4，打开排气阀 7 及清洗排水阀 5，将水放到离树脂层表面 10cm 左右，再关闭阀门 5，开启再生液进水阀 8，排出交换器内空气后，即关闭阀门 7，再适当开启阀门 5，进行再生。

(4) 清洗：先关闭阀门 8，然后开启阀门 1 及 5。清洗水最好用处理后的净水。清洗是将树脂层内残留的再生废液洗掉，直到出水水质符合要求为止。

2.7.2.5 离子交换器的设计计算

固定床离子交换器的设计计算，根据物料平衡原理，可得如下基本公式：

$$AhE = Q(C_0 - C)T$$

式中　A——离子交换器截面面积，m^2；

h——树脂层高度，m；

E——交换树脂的工作交换容量，mmol/L；

Q——废水平均流量，m^3/h；

C_0——进水浓度，mmol/L；

C——出水浓度，mmol/L；

T——交换周期，h。

2.7.3 气浮

气浮就是利用高度分散的细小气泡黏附存在于废水中的非溶解性（疏水性）杂质一起浮出水面，即对于相对密度接近 1 或等于 1 的颗粒使它表面能黏附上大量细小的空气泡，降低其密度，增大其粒径，使其迅速浮起形成浮渣，从而回收废水中的有用物质或使废水得到净化的一种固液分离技术。

在废水处理中气浮法主要用于下述几个方面：（1）用于石油、化工及机械制造业含油废水的处理；（2）污水中有用物质的回收，如造纸厂废水中纸浆纤维及填料的回收工艺；（3）与生物处理相配合，用气浮法代替二次沉淀池，特别对于那些易于产生污泥膨胀的生物处理工艺，可保证处理工作的正常运转；（4）用于污水处理厂剩余活性污泥的浓缩处理工艺。

2.7.3.1 气浮设备的形式

在废水处理工程上采用的气浮法，按水中气泡产生的方法可分为布气气浮、电解气浮、溶气气浮。

A 布气气浮

布气气浮是利用机械剪切力，将混合于水中的空气粉碎成微细气泡，从而进行气浮的方法。按粉碎气泡方法的不同，布气气浮又分为水泵吸水管吸气气浮、射流气浮、叶轮气浮和扩散板气浮4种。

（1）水泵吸水管吸气气浮设备简单，但由于受水泵工作特性的限制，吸入空气量一般不能大于吸水量的10%（按体积计），否则将破坏水泵吸水管负压工作。此外，该方法气泡在水泵内破碎不够完全，形成的气泡直径大，因而气浮效果不好。

（2）射流气浮是采用以水带气方式向废水中混入空气进行气浮的方法。

B 电解气浮

电解气浮的基础是在稀的水溶液中通入直流电流，将正负相间的多组电极安装在水溶液中，在直流电的作用下，在正负两极间产生氢和氧的细小气泡。为了产生气泡，最初是用铝或钢制的损耗电极，维修工作量大，更换电极的费用高，同时还造成长时间停工。近年来研制了用多孔氧化铝覆盖钛板的材料制成的具有长寿和耐久性的电极。

电解气浮所需的电能是经过变压器和整流器后，向电极提供 $5 \sim 10V$ 的直流低压电源。电解气浮所需的电能大部取决于溶液的电导率和极板之间的距离。在电解气浮中，最大的费用在于变压、整流装置和电能的消耗。

电解气浮主要用于工业废水处理方面，处理水量在 $10 \sim 20 m^3/h$。由于电耗及操作运行管理、电极结垢等问题，故较难适用于大型生产。

C 溶气气浮

溶气气浮是使空气在一定压力作用下溶解于水中，并达到过饱和的状态，然后再突然使溶气水减到常压状态，这时溶解于水中的空气，便以微小气泡的形式从水中逸出，以进行气浮。

溶气气浮形成的气泡细小，其初粒度可能在 $80\mu m$ 左右。此外，在溶气气浮操作过程中，还可以人为地控制气泡与废水的接触时间。因此，溶气气浮的净化效果较高，在废水处理方面，特别是对含油废水、含纤维废水已得到广泛的应用。

根据气泡在水中析出所处压力的不同，溶气气浮又可分为加压溶气气浮和溶气真空气浮两种类型。前者空气在加压条件下溶入水中，而在常压下析出。加压溶气气浮是国内外最常用的气浮方法。

2.7.3.2 加压溶气气浮系统的设计计算

在目前的气浮法中，应用最广泛的是加压溶气气浮系统。它由三个主要设备组成：空气饱和设备、空气释放及与原废水相混合设备、气浮池。回流加压溶气气浮工艺流程如图 2-39 所示。

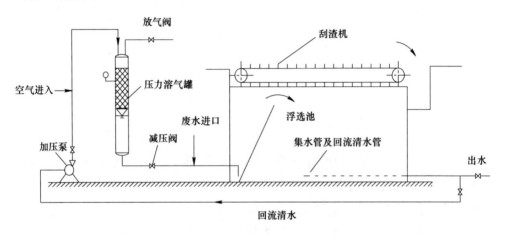

图 2-39 回流加压溶气气浮工艺流程

A 空气饱和设备

空气饱和设备通常由下述部件组成，加压水泵、溶气罐、空气供给设备以及液位自动控制设备等。

(1) 加压泵：加压泵在整个空气饱和设备中的作用是用来提供一定压力的水量，压力与流量是由不同废水处理工艺所要求的空气量所决定的。目前国内生产的离心泵其压力常在 0.25~0.35MPa 之间，而流量为 10~200m³/h，可满足不同的处理要求。

(2) 溶气罐：空气溶解在水中需要有一个过程，而且与水的流态、压力、温度、加压时间等有关系。由于加压气浮是使空气溶解在废水中，根据亨利定律可知，空气在水中的溶解度与所受压力成正比，因此加入的空气量 V [L/m³（水）] 为：

$$V = K_T P$$

式中 K_T——溶解系数，各种温度下的 K_T 值见表 2-30；

P——空气所受绝对压力，mmHg（1mmHg=133.322Pa）。

表 2-30　各种温度下的 K_T 值

温度/℃	0	10	20	30	40	50
K_T	0.038	0.029	0.024	0.021	0.018	0.016

为了提高空气在水中的溶解度，可以提高溶气压力，在溶气罐中加设填料，以加剧液相的紊动程度，提高液相的分散程度，不断更新液相与气相的接触界面。

根据目前的研究结果，认为在溶气罐中装设填料可提高溶气效率。对于较大的溶气罐，由于实际存在的布水不均匀性，在某些部位产生堵塞也是存在的，特别是用于含悬浮颗粒高的有机污水处理中，应考虑到存在这一堵塞的可能性。

溶气罐的有效容积按废水在罐内停留时间计算，停留时间一般为 2~3min。

（3）供气方式：空气压缩机供气方式是目前常用的一种溶气方法。溶解空气是由外加的空气压缩机提供的。压力水和压缩空气可以分别进入溶气罐，也有将压缩空气管接在水泵压水管上一起进入饱和器中的。为防止因操作不当压缩空气或压力水倒入水泵或空气压缩机，目前通常均采用自上而下的同向流进入溶气罐。由于在一定压力下，饱和溶解的空气量较少，空气压缩机的功率较小，故该法的能量损耗较前两种方式要经济，但该法除会产生噪声与油污外，还存在操作较复杂的问题，特别要控制好水泵与空气压缩机的压力，使其达到平衡状态。

B　溶气水的减压释放以及与原废水相混合的设备

溶气水减压释放装置的作用是：使在压力下溶入空气并达饱和状态的溶气水，经压力降低后能迅速将溶入水中的空气以极为细小的气泡形式释放出来，以满足气浮要求。

目前国内最常用的溶气释放器为 TS 型溶气释放器及 TJ 型溶气释放器。溶气压力为 0.15MPa 时即可正常工作，降压后释出溶气量可达 99%，所形成的细微气泡直径 95% 以上在 10~120μm 范围内。

经减压释放后的溶气水可考虑与原水（如需加药时，应是加药后的废水）

在某一固定的混合设备或一段管道中立即进行充分混合，然后将挟气絮粒在整个浮选池的宽度上均匀地分配，从而达到提高浮选分离效果与降低溶气水量的目的。采用固定混合设备或简单的一段管道相混合后再进入浮选池，比单独的减压释放装置直接插入浮选池中要好。

C 气浮池

气浮池的布置形式较多，不仅有平流式与竖流式的布置、方形与圆形的布置，同时还出现了气浮与反应、气浮与沉淀、气浮与过滤一体化的新形式。其中平流式气浮池是常用的一种形式。

平流式气浮池的容积可按停留时间或表面负荷确定。废水在气浮池内的停留时间一般可取 30~40min。池中的工作水深为 1.5~2m，池长与池宽比不小于 4。

表面负荷 q 是设计气浮池的重要参数，是确定气浮池面积的要素，表面负荷用下式表示：

$$q = \frac{Q + Q_R}{A}$$

式中　q——表面负荷，$m^3/(m^2 \cdot d)$ 或 $m^3/(m^2 \cdot h)$；

　　Q——废水流量，m^3/d 或 m^3/h；

　　Q_R——溶气水量，m^3/d 或 m^3/h；

　　A——气浮池分离面积，m^2。

表面负荷 $q = 90 \sim 180 m^3/(m^2 \cdot d)$，表面负荷太高或太低对泥水分离不利。

D 加压溶气水量 Q_R 的估算

气浮池中去除悬浮固体的效率与气固比 A/S 有关。所谓 A/S 也就是去除单位悬浮物所需的空气量，而释放的空气量取决于溶气水量。

由于经压力释放后，从水中释放出的理论空气量为：

$$A_T = C_a(f'P - 1) \tag{2-17}$$

式中　A_T——常压释放时的理论空气量，mg/L；

　　C_a——大气压时空气在水中的饱和浓度，mg/L；

　　P——溶气压力（绝对压力），kgf/cm^2（$1kgf/cm^2 = 0.1MPa$）；

　　f'——溶气效率，一般取 $f' = 0.6 \sim 0.8$。

所以气固比为：

$$A/S = \frac{C_a(f'P - 1)Q_R}{S_a Q}$$

式中　A/S——气固比，一般在 0.02~0.06 之间；

Q_R——溶气水量，m^3/d 或 m^3/h；

Q——废水流量，m^3/d 或 m^3/h；

S_a——废水中悬浮物浓度，mg/L。

【例题 2-8】部分回流加压溶气气浮设计。某印染厂采用混凝气浮法处理有机染料废水。设计资料：废水量 $Q = 1800 m^3/d$，混凝后水中悬浮物浓度 $S_a = 700 mg/L$，水温 40℃，处理后的水回流。

（1）气浮池设计参数气固比 A/S 取 0.02；溶气压力（表压）3.2kgf/cm²；水温 40℃时大气压下空气在水中的饱和溶解度 $C_a = 18.5mg/L$。

（2）确定溶气水量 Q_R，溶气效率 f' 取 0.6，则：

$$Q_R = A/S \frac{S_a Q}{C_a(f'P - 1)} = 0.02 \times \frac{700 \times 1800}{18.5 \times (0.6 \times 4.2 - 1)} = 896 m^3/d$$

取回流水量为 900m³/d，即 $Q_R = 0.5Q$。

（3）气浮池设计采用浮选剂和废水的接触混合时间 $T_2 = 5min$；浮选分离时间 $T_a = 38min$，则混合段的容积为：

$$V_2 = \frac{(Q + Q_R)T_2}{24 \times 60} = \frac{(1800 + 900) \times 5}{24 \times 60} = 9.45 m^3$$

浮选分离段的容积为：

$$V_3 = \frac{(Q + Q_R)T_a}{24 \times 60} = \frac{(1800 + 900) \times 38}{24 \times 60} = 71.5 m^3$$

气浮池的有效容积为：

$$V = V_2 + V_3 = 9.45 + 71.5 = 80.95 m^3$$

气浮池的上升流速 v 取 1.6mm/s，则分离面积 F 为：

$$F = \frac{Q + Q_R}{24 \times 3.6v} = \frac{1800 + 900}{24 \times 3.6 \times 1.6} = 19.5 m^2$$

取气浮池宽 $B = 4m$，水深 $H = 3.5m$，池长 L 为：

$$L = \frac{V}{BH} = \frac{80.95}{4 \times 3.5} = 5.78 \approx 5.8 m$$

复核表面积：

$$BL = 4 \times 5.8 = 22.2 \text{m}^2 > F (\text{设计的表面积可行})$$

气浮池进水管 $D_g = 200$mm，$v = 0.9947$m/s。出水管 $D_g = 150$mm 的穿孔管小孔流速 $v_1 = 1$m/s。

小孔总面积 S 为：

$$S = \frac{(Q + Q_R)/24}{3600 v_1} = \frac{2700/24}{3600 \times 1} = 0.031 \text{m}^2$$

设小孔直径 $D_1 = 15$mm，则孔数 n 为：

$$n = \frac{S}{\frac{\pi}{4} D_1^2} = \frac{0.031}{\frac{\pi}{4} \times 0.015^2} = 178$$

孔口向下，与水平夹角成 45°，两排交错排列。

池底坡降 $i = 0.578$，坡向排泥孔，排泥管采用 $D_g = 200$mm 两根。

(4) 溶气罐计算：

1) 容积与直径。溶气罐流量 $Q_R = 0.5Q = 900$m³/d = 37.5m³/h，设计罐内停留时间 $T_1 = 3$min，则溶气罐容积为：

$$V_1 = \frac{Q_R T_1}{60} = \frac{37.5 \times 3}{60} = 1.875 \text{m}^3$$

溶气罐直径 $D = 1.1$m，溶气部分高度为 2m（进出水管中心线）。

采用椭圆形封头曲面高 $h = 275$mm，直边高 $h_2 = 25$mm。

2) 进出水管管径。进出水管均采用 100mm 管径，管内流速 $v = 1.24$m/s，支管为枝状形，采用 $D_g = 50$mm，分四排 8 根，长取 400mm、300mm，各 4 根。

配水孔采用 $\phi 8$mm，孔口向下，其配水孔分布如下：长 300mm 管，每根设 10 孔，共 40 孔，孔间中心距 50mm。

(5) 动力设备过剩空气排放管 $\phi 25$mm，普通阀门 24Sr-10。

加压泵：选用 3BA-6 泵两台（一台备用，所需扬程计算略）。

规格：流量 $Q = 30 \sim 70$m³/h。

扬程：$H = 62 \sim 44.5$m。

功率：$N = 17$kW，配电机 JO_2-61-2。

(6) 空气量计算。设溶解压力为 4.2kgf/cm²（0.42MPa），最高水温为 40℃，按亨利定律，在 40℃水中的饱和空气量为：

$$V = K_T P = 1.79 \times 10^{-2} \times 736 \times 4.2 = 55.3 \text{L/m}^2$$

所需空气量可按过量的 25% 设计，以留有余地：

$$G_\text{气} = VQ_R(1 + 25\%) = 55.3 \times 37.5 \times 1.25 = 2592.2 \text{L/h}$$

$$= 2.5922 \text{m}^3/\text{h} = 0.0432 \text{m}^3/\text{min}$$

选择空压机两台（一台备用）。

配电机 JO_2-61-2，规格：空气量 $0.05\text{m}^3/\text{mm}$，额定空气压 6kgf/cm^2（0.6MPa），电机功率 0.8kW。压缩空气加在溶气罐的进水管上。

2.7.4 中和

酸碱废水互相中和并需进行中和能力的计算。

酸水的数量和危害比碱水大得多，因此处理出水应呈中性或弱碱性。即：当酸碱废水的流量与浓度变化较大时，一般应先分别设水质调节池进行均化，均化后的酸碱废水再进入中和池。

中和池体积为：

$$V = (Q_1 + Q_2)t$$

为使反应完全，池内应设置搅拌器进行混合搅拌。当水质水量较稳定或后续处理对 pH 值要求较宽时，可直接在集水井、管道或混合槽进行中和。

2.7.4.1 药剂中和法

A 酸性废水加碱中和

药剂中和能处理任何浓度、任何性质的酸碱废水。石灰价廉易得，对废水中的杂质具有混凝效果，是最常用的酸性废水中和剂。但沉渣量大，且脱水较难；需要用大型消解投配设备，卫生条件较差。石灰中和常用湿投法，石灰用量 G（kg）可按下式计算：

$$G = \frac{K}{P}(Qc_1a_1 + c_2a_2) \tag{2-18}$$

实际应用时，由于影响投药量的因素很多，最好通过实验确定用量。

石灰中和酸性废水的装置主要有石灰乳制备与投加设备、混合反应池与中和沉淀池。先将生石灰在消解槽消解成 40%~50% 浓度后，流入乳液槽，经搅拌配成 5%~10% 浓度，然后投加。消解槽和乳液槽需用机械搅拌或水泵循环搅拌，以防止沉淀。混合反应池可采用隔板式或设搅拌器，容积按水力停留时间 5min 设计。中和沉淀池池容按水力停留时间 1~2h 设计。中和沉淀产生的污泥体积为废水量的 10%~15%，含水率 90%~95%，必须设置污泥脱水系统。

B 碱性废水加酸中和

(1) 用硫酸中和反应速度快，中和完全；用盐酸产渣量较少。

(2) 用烟道气中和时，将碱水作为湿式除尘器的喷淋水，逆流接触，也可将烟道气通入碱水池中。

烟道气中含有 CO_2、SO_2、H_2S 等酸性组分，可将废水中和至中性，但沉渣量增大，硫化物、COD、色度都会增加。

投药中和法有两种运行方式：

(1) 废水量小或间歇排出时，可采用间歇式操作，并设置 2~3 池交替工作。

(2) 当废水量较大时，可采用连续操作，并可采取多级串联运行，以获得稳定可靠的中和效果。中和处理应尽可能采用自动投药控制系统。

C 中和药剂

常用药剂是石灰、电石渣、石灰石等，有时也采用苛性钠和碳酸钠。中和药剂的投加量，可按化学反应式进行估算。石灰常使用熟石灰，配制成石灰乳液，浓度在 10% 左右，反应在池中进行，石灰量多时，可用生石灰。工艺流程如图 2-40 所示。

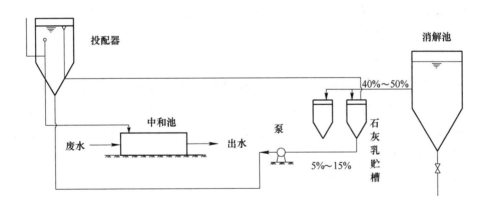

图 2-40 投加中和法工艺流程示意图

为了防止产生沉淀，石灰乳槽均装有搅拌设备。

2.7.4.2 过滤法

石灰石（需限制硫酸浓度为 1~2g/L）或白云石作中和剂时常呈粗粒状，可作滤料，故用过滤法。

升流式膨胀中和池如图 2-41 所示。喷淋塔如图 2-42 所示。

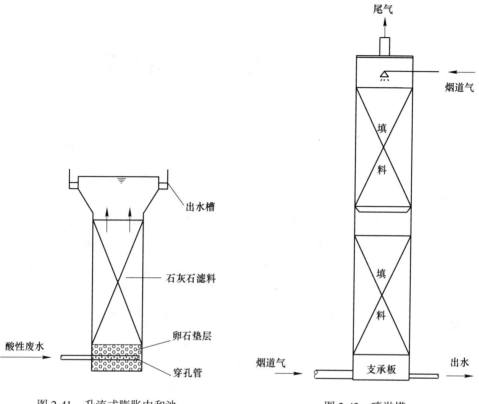

图 2-41 升流式膨胀中和池

图 2-42 喷淋塔

3 消毒设施工艺设计计算

消毒是水处理工艺的重要组成部分。随着城市的发展和人居环境质量要求的提高，城市供水的安全性、供水系统的优化以及污水处理厂出水的安全问题引起了人们的广泛关注。特别是 2003 年非典型肺炎的突然爆发，使人们充分认识到控制城市生活污水中致病性传染微生物是污水处理的重要内容。城市污水经过二级处理后，水质改善，细菌含量大幅度减少，但细菌的绝对值仍很可观，并存在病原菌的可能，为防止对人类健康产生危害和对生态造成污染，在污水排入水体前应进行消毒处理。

目前，城市污水处理厂中最常用的消毒剂仍为液氯、次氯酸钠、二氧化氯和臭氧，而紫外线消毒应用于大中型污水处理厂是近年刚刚兴起的。

污水消毒程度应根据污水性质、排放标准或再生水要求确定。正确选择消毒剂是影响工程投资和运行成本的重要因素，也是保证出水水质的关键。几种常用消毒剂的性能比较见表 3-1。

表 3-1 常用消毒剂的性能

项　　目		液氯	次氯酸钠	二氧化氯	臭氧	紫外线
杀菌有效性		较强	中	强	最强	强
效能	对细菌	有效	有效	有效	有效	有效
	对病毒	部分有效	部分有效	部分有效	有效	部分有效
	对芽孢	无效	无效	无效	无效	无效
一般投加量 /mg·L^{-1}		5～10	5～10	5～10	10	
接触时间		10～30min	10～30min	10～30min	5～10min	10～100s
一次投资		低	较高	较高	高	高
运行成本		便宜	贵	贵	最贵	较便宜

项　目	液氯	次氯酸钠	二氧化氯	臭氧	紫外线
优点	技术成熟，效果可靠，设备简单，价格便宜，有后续消毒作用	可现场制备，也可购买商品次氯酸钠，使用方便，投量容易控制	杀菌效果好，无气味，使用安全可靠，有定型产品	除色、除臭效果好，不产生残留的有害物质，增加溶解氧	快速，无化学药剂，杀菌效果好，无残留有害物质
缺点	有臭味、残毒，余氯对水生生物有害，可能产生致癌物质，安全措施要求高	现场制备设备复杂，维修管理要求高，需要次氯酸钠发生器和投配设备	需现场制备，维修管理要求较高	需现场制备，投资大，成本高，设备管理复杂，剩余臭氧需作消除处理	耗能较大，对浊度要求高，消毒效果受出水水质影响较大
运行条件	使用于大、中型污水处理厂	适用于中、小型污水处理厂	适用于中、小型污水处理厂	要求出水水质较好、排入水体的卫生条件高的污水厂	下游水体要求较高的污水处理厂

3.1　液氯消毒

3.1.1　液氯消毒简介

　　液氯消毒是国内外最主要的消毒技术，也是历史上最早采用的消毒技术。直到今天，液氯消毒仍因其投资省、运行成本低、设计和运行管理方便而广受青睐。液氯的消毒效果与水温、pH 值、接触时间、混合程度、污水浊度、所含干扰物质及有效氯浓度有关。氯气消毒，主要是氯气水解生成的次氯酸的作用，当 HOCl 分子到达细菌内部时，与有机体发生氧化作用而使细菌死亡。

　　但在长期使用液氯消毒过程中，自 20 世纪 70 年代人们发现氯与水中有机物反应产生大量氯代消毒副产物，如三卤甲烷、卤乙酸、卤代腈、卤代醛等在消毒过程中被发现。这些副产物对人体健康有较大影响。越来越多的消毒副产物三卤甲烷和卤乙酸由于其强致癌性已成为控制的主要目标,而且也分别代表了挥发性和非挥发性的两类消毒副产物。同时,水中不断发现新型的抗氯致病性微生物,如兰伯氏贾第虫、隐孢子虫。这些致病性微生物对氯有较强出水的抵抗作用,而且会直接导致人群大面积获传染性疾病,因此,必须采用很高的消毒剂量或是新型的消毒技术才能有效控制。

3.1.2 设计参数及规定

(1) 投加量:对于城市污水,一级处理后投加量为 15~25mg/L;不完全二级处理后为 10~15mg/L。二级处理出水的加氯量应根据实验资料或类似运行经验确定。无试验资料时,二级处理出水可采用 6~15mg/L,再生水的加氯量按卫生学指标和余氯量确定。

(2) 接触时间:对于城市污水液氯消毒接触时间为 30min。水和氯应充分混合,保证余氯量不小于 0.5mg/L。混合方式可采用机械混合、管道混合、静态混合器混合、跌水混合、鼓风混合、隔板混合。

(3) 加氯量 Q(kg/h)计算:

$$Q = 0.001aQ_1 \tag{3-1}$$

式中 a——最大投氯量,mg/L;

Q_1——需消毒的水量,m^3/h。

3.2 二氧化氯消毒

3.2.1 二氧化氯消毒原理与工艺流程

二氧化氯是一种随浓度升高颜色由黄绿色到橙色的气体,具有与氯气相似的刺激性气体。纯二氧化氯的液体与气体性质极不稳定,在空气中二氧化氯的浓度超过 10% 时就有很高的爆炸性,故不易贮存,应进行现场制备和使用,其氧化能力仅次于臭氧,可氧化水中多种无机物和有机物。

二氧化氯的消毒机理为:二氧化氯与微生物接触时,对细胞壁有很强的吸附与穿透能力,能有效地氧化细胞内含硫基的酶,使微生物蛋白质中的氨基酸氧化分解,导致氨基酸链断裂、蛋白质失去功能,致使微生物死亡。它的作用既不是蛋白质变性也不是氯化作用,而是很强的氧化作用的结果。它的主要优点就是,具有较好的广谱消毒效果，用量少、作用快、消毒作用持续时间长，受PH值影响不敏感，可除臭、去色，能同时控制水中铁、锰，不产生三卤甲烷和卤乙酸等副产物，不产生致突变物质。但是其缺点也很明显，二氧化氯消毒产生无机消毒副产物（亚氯酸根离子和氯酸根离子），其本身也有毒害，特别是在高浓度时；并且，由于二氧化氯不能贮存，需现场制备，其在制备、使用上还存在一些技术问题，操作过程复杂，试剂价格偏高，运输、储藏安全性较差。

3.2.2 设计参数及规定

（1）投加量：采用投加二氧化氯消毒，根据《室外排水设计规范》（GB 50014—2006）中6.13.8条，二级出水的加氯量应根据试验资料或类似运行经验确定。无试验资料时，二级处理出水可采用6~15mg/L，再生水的加氯量按卫生学指标和余氯量确定。

加氯量 Q（kg/h）按下式计算：

$$Q = 0.001aQ_1 \tag{3-2}$$

式中　a——最大投量，mg/L；

　　　Q_1——需消毒的水量，m³/h。

根据《室外排水设计规范》（GB50014—2006）中6.18.9条裁定，消毒接触时间应进行混合和接触，接触时间不应小于30min。

（2）投加方式：在水池中投加，采用扩散器或扩散管。

（3）投加二氧化氯特别注意事项：二氧化氯化学性质活泼，易分解，生产后不便贮存，必须在使用地点就地制取，因此，制取及投加往往是连续的。在二氧化氯设备的建设和运转过程中，必须有特殊的安全防护措施，因为盐酸和亚氯酸钠等药剂如果使用不当，或二氧化氯水溶液浓度超过规定值，会引起爆炸。因而其水溶液的质量浓度应不大于6~8mg/L，并避免与空气接触。

3.3 紫外线消毒

3.3.1 紫外线消毒原理与工艺流程

紫外线（UV）是波长在100~400nm之间的电磁波，按照其波长范围的不同又可以分为 UVA（400～315nm）、UVB（315～280nm）、UVC（280～200nm）和真空紫外线（200～100nm），其中具有杀菌作用的主要是位于 C 波段的紫外线。紫外线具有杀菌能力主要是因为紫外线对微生物的核酸可以产生光化学损伤。微生物细胞核中的核酸可以分为核糖核酸（RNA）和脱氧核糖核酸（DNA），两者的共同点是由磷酸二酯键按嘌呤和嘧啶碱基配对原则而连接起来的多糖核苷酸链，细胞核中的这两种核酸能够吸收高能量的短波紫外辐射（DNA 和 RNA 对紫外线的吸收光谱范围为 240～280nm，在 260nm 时达到最大值），对紫外光能的这种吸收可以使相邻的核苷酸之间产生新的键，从而形成双分子或二聚物。相邻嘧啶分子，尤其是胸腺嘧啶的二聚作用是紫外线所引起的最普遍的光化学损害。细菌中的 DNA 和病毒中的 RNA 中的众多的胸腺嘧啶形成二聚物阻止了 DNA 或 RNA 的复制和蛋白质的合成，从而使细胞死亡。简而言之，紫外线消毒的机理就是破坏细菌和病毒的繁衍能力，从而最终达到去除的目的。

紫外线消毒的优点有：对致病性微生物具有广谱消毒效果，消毒效率高；对隐孢子虫卵囊有特效消毒作用；不产生有毒、有害副产物；能降低嗅、异味以及降解微量有机污染物；占地面积小，消毒效果受水温、pH 值影响小。缺点有：消毒效果受水中 SS 和浊度影响较大；没有持续消毒效果；管壁易结垢，降低消毒效果；存在光复活暗复活现象。随着对紫外线消毒机理的深入研究、技术的不断发展以及消毒装置设备设计上的日益完善，紫外线消毒法有望成为代替传统氯化消毒的主要方法。

3.3.2 紫外线消毒系统

紫外线消毒系统主要组成部分为紫外灯、放置紫外灯的石英套管、系统支撑结构、为紫外灯提供稳定电源的镇流器和为镇流器提供能量的电源。紫外线消毒器按水流边界的不同分为敞开式和封闭式。

（1）敞开式系统：在敞开式紫外线消毒器中，水体在重力作用下流经紫外消毒器从而达到灭活水中微生物的目的。敞开式系统分为浸没式和水面式两种，其中浸没式应用最为广泛。

浸没式又称为水中照射法。浸没式紫外线消毒器是将装有石英套管的紫外灯置入水中，水体从石英套管的周围流过并接受紫外线照射，当紫外灯管需要更换时，可将其抬高从而进行操作。该模式构造比较复杂，但紫外辐射能的利用率高、灭菌效果好且易于管理维修。要使系统能够正常运行，维持消毒器中恒定的水位是至关重要的。若水位太高，则紫外线难以照射到灯管上方的部分进水，有可能造成消毒不彻底；若水位太低，则上排灯管会暴露在空气之中，造成灯管过热，而且还减少了紫外线对水体的辐射，浪费了部分紫外线剂量。为了克服这一缺点，经常采用自动水位控制器（滑动闸门）来控制水位。

（2）封闭式系统：封闭式紫外线消毒器属于承压型，被消毒的水体流经由金属筒体和带石英套管的紫外线灯包裹的空间，接受紫外线照射，从而达到消毒目的。

敞开式紫外线消毒器适用于大、中水量的处理，因此多用于污水处理厂。封闭式紫外线消毒器一般适用于中、小水量的处理或需要施加压力的消毒器。

3.3.3 设计参数及规定

（1）紫外线消毒剂量是所有紫外线辐射强度和曝光时间的乘积。紫外线消毒剂量的大小与出水水质、水中所含物质种类、灯管的结垢系数等多种因素有关，可根据试验资料或类似运行经验确定；也可按以下标准确定，即二级处理的出水为 $15\sim22mJ/cm^2$，再生水为 $24\sim30mJ/cm^2$。

（2）光照接触时间 $10\sim100s$。

（3）紫外线照射渠的设计应符合以下要求：照射渠水流均布，灯管前后的渠长度不宜小于 1m；水深应满足灯管的淹没要求；紫外线照射渠不宜少于 2 条，当来水用 1 条渠道时宜设置超越渠。

（4）消毒器中水流流速最好不小于 0.3m/s，以减少套管结垢，可采用串联运行，以保证所需接触时间。

4 污水处理厂的总体布置与高程水力计算

4.1 污水处理厂的平面布置

在污水处理厂厂区内有：各处理单元构筑物；连通各处理构筑物之间的管、渠及其他管道，辅助性建筑物：道路以及绿地等。现就污水处理平面规划和布局时应考虑的一般原则阐述如下。

4.1.1 污水厂平面布置原则

（1）按功能分区，配置得当。主要是指对生产、辅助生产、生产管理、生活福利等各部分布置，要做到分区明确、配置得当而又不过分独立分散。既有利于生产，又避免非生产人员在生产区通行或逗留，确保安全生产。在有条件时（尤其建新厂时），最好把生产区和生活区分开，但两者之间不必设置围墙。

（2）功能明确、布置紧凑。首先应保证生产的需要，结合地形、地质、土方、结构和施工等因素全面考虑。布置时力求减少占地面积，减少连接管（渠）的长度，便于操作管理。

（3）顺流排列，流程简捷。处理构（建）筑物尽量按流程方向布置，避免与进（出）水方向相反安排；各构筑物之间的连接管（渠）应以最短路线布置，尽量避免不必要的转弯和用水泵提升，严禁将管线埋在构（建）筑物下面。目的在于减少能量（水头）损失、节省管材、便于施工和检修。

（4）充分利用地形，平衡土方，降低工程费用。某些构筑物放在较高处，便于减少土方，便于放空、排泥，又减少了工程量，而另一些构筑物放在较低处，使水按流程、按重力顺畅输送。

（5）必要时应预留适当余地，考虑扩建和施工可能（尤其是对大中型污水处理厂）。

（6）构（建）筑物布置应注意风向和朝向。将排放异味、有害气体的构

（建）筑物布置在居住与办公场所的下风向；为保证良好的自然通风条件，建筑物布置应考虑主导风向。

4.1.2 污水厂的平面布置

污水厂的平面布置是在工艺设计计算之后进行的，根据工艺流程、单体功能要求及单体平面图形进行，污水厂总平面图上应有风向玫瑰图、构（建）筑物一览表、占地面积指标表述及必要的说明。比例尺一般为 1∶（20~500），图上应有坐标轴线或方格控制网。

（1）首先对处理构筑物和建筑物进行组合安排，布置时对其平面位置、方位、操作条件、走向、面积等通盘考虑，安排时应对高程、管线和道路等进行协调。

为了便于管理和节省用地、避免平面上的分散和零乱，往往可以考虑把几个构筑物和建筑物在平面、高程上组合起来，进行组合布置。构筑物的组合原则如下：

1）对工艺过程有利或无害，同时从结构、施工角度看也是允许的，可以组合，如曝气池与沉淀池的组合、反应池与沉淀池的组合、调节池与浓缩池的组合。

2）从生产上看，关系密切的构筑物可以组合成一座构筑物，如调节池和泵房、变配电室与鼓风机房、投药间与药剂仓库等。

3）为了集中管理和控制，有时对小型污水厂还可以进一步扩大组合范围。

构筑物间的净距离，按它们中间的道路宽度和铺设管线所需要的宽度，或者按其他特殊要求来定，一般为 5~20m。

布置管线时，管线之间及其他构（建）筑物之间，应留出适当的距离，给水管或排水管距构（建）筑物不小于 3m。给水管和排水管的水平距离，当 $d \leqslant$ 20mm 时不应小于 1.5m；当 $d>200$mm 时不小于 3m。建（构）筑物最小距离如表 4-1 所列。

表 4-1 建（构）筑物最小距离 （m）

项目	建筑物	围墙和篱笆	公路边缘	高压电线杆支座	照明电讯杆柱	上水干管 >300m	污水管	雨水管
上水干管 >300mm	3~5	2.5	1.5~2	2	3	2~3	2~3	2~3

项目	建筑物	围墙和篱笆	公路边缘	高压电线杆支座	照明电讯杆柱	上水干管 >300m	污水管	雨水管
污水管	3	1.5	1.5~2	3	1.5	2~3	1.5	1.5
雨水管	3	1.5	1.5~2	3	1.5	2~3	1.5	0.8

（2）生产辅助建筑物的布置应尽量考虑组合布置，如机修间与材料库的组合，控制室、值班室、化验室、办公室的组合等。

（3）预留面积的考虑必要时预留生产设施的扩建用地。

（4）生活附属建筑物的布置宜尽量与处理构筑物分开单独设置，可能时应尽量放在厂前区。应避免处理构（建）筑物与附属生活设施的风向干扰。

（5）道路、围墙及绿化带的布置通向一般构（建）筑物应设置人行道，宽度 1.5~2.0m；通向仓库、检修间等应设车行道，其路面宽为 3~4m，转弯半径为 6m，厂区主要车行道宽 5~6m；车行道边缘至房屋或构筑物外墙面的最小距离为 1.5m。道路纵坡一般为 1%~2%，不大于 3%。

污水厂布置除应保证生产安全和整洁卫生外，还应注意美观、充分绿化，在构（建）筑物处理上，应因地制宜，与周围情况相称；在色调上做到活泼、明朗和清洁。应合理规划花坛、草坪、林荫等，使厂区景色园林化，但曝气池、沉淀池等露天水池周围不宜种植乔木，以免落叶入池。

（6）污泥区的布置由于污泥的处理和处置一般与污水处理相互独立，且污泥处理过程卫生条件比污水处理差，一般将污泥处理放在厂区后部；若污泥处理过程中产生沼气，则应按消防要求设置防火间距。由于污泥来自污水处理部分，而污泥处理脱出的水分又要送到调节池或初沉池中，必要时，可考虑某些污泥处理设施与污水处理设施的组合。

（7）管（渠）的平面布置在各处理构筑物之间应有连通管（渠），还应有使各处理构筑物独立运行的管（渠）。当某一处理构筑物因故停止工作时，使其后接处理构筑物仍能够保持正常的运行，污水灯应设超越全部或部分处理构筑物的、直接排放水体的超速管，此外，还应设有给水管、空气管、消化气管、蒸汽管及输配电线路等，这些管线有的敷设在地下，但大部分在地上，对它们的安排，既要便于施工和维护管理，也要紧凑，少占用地。

A 市污水处理厂总平面图如图 4-1 所示。

构 (建) 筑物、设备表

序号	名　称	尺寸/m
1	中格栅	2.29×1.07
2	污水提升泵房	φ10.0
3	细格栅	3.26×1.58
4	平流沉砂池	7.5×2.4
5	配水配泥井	φ2.0
6	厌氧池	φ19.0
7	卡式氧化沟	80.0×28.0
8	二沉池	φ23.0
9	出水控制井	4.0×3.0
10	接触消毒池	20.0×11.0
11	回流污泥泵房	9.0×5.5
12	剩余污泥泵房	4.0×3.0
13	污泥浓缩池	φ6.2
14	贮泥池	3.6×3.6
15	污泥输送泵房	4.0×3.0
16	堆物棚	4.0×3.0
17	仓库	12.0×8.0
18	机修间	16.0×8.0
19	篮球场	20.0×12.0
20	草坪	20.0×12.0
21	车库	18.0×12.0
22	锅炉房、厨房	18.0×12.0
23	住宅	21.0×15.0
24	综合楼	24.0×15.0
25	控制楼	18.0×16.0
26	传达室	6.0×4.0
27	加药间	9.0×5.5

图例: ▽ 树木隔离带　✕✕ 围墙　☆ 竹林
▽ 草皮隔离带　------ 污水厂预留地

说明:
1. ——污水厂预留地
2. 坐标单位为m，长度单位为mm
3. 污水厂绿化面积超过30%
4. 坐标注法形式为 (X,Y)

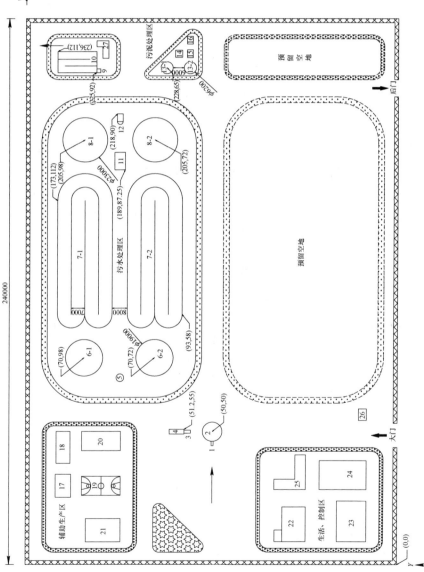

图 4-1　A市污水处理厂总平面图

4.2 污水处理厂的高程布置

高程布置的内容主要包括各处理构（建）筑物的标高（如池顶、池底、水面等）、处理构筑物之间连接管渠的尺寸及其标高，从而使污水能够沿流程在处理构筑物之间通畅地流动，保证污水处理厂的正常运行。高程图上的垂直和水平方向的比例尺一般不相同，一般垂直的比例大（取 1∶100），而水平的比例小些（1∶500）。

4.2.1 污水厂高程布置原则

（1）污水厂高程布置时，所依据的主要技术参数是构筑物高度和水头损失。在处理流程中，相邻构筑物的相对高差取决于两个构筑物之间的水面高差，这个水面高差的数值就是流程中的水头损失，它主要包括构筑物本身的、连接管（渠）的计量设备的水头损失等。因此进行高程布置时应首先计算这些水头损失，而且计算所得的数值应考虑安全因素，以便留有余地。

初步设计时，可按表 4-2 所列数据估算。污水流经处理构筑物的水头损失，主要产生在入、出口和需要的跌水处，而流经处理构筑物本身的水头损失则较小。

表 4-2 污水流经各处理构筑物的水头损失

构筑物名称		水头损失/m	构筑物名称		水头损失/m
格栅		0.1~0.25	曝气池	污水潜流入池	0.25~0.5
沉砂池		0.1~0.25		污水跌水入池	0.5~1.5
沉淀池	平流	0.2~0.4	生物滤池（工作高度 2m）	装有旋转布水器	2.7~2.8
	竖流	0.4~0.5		装有固定喷洒布水器	4.5~4.75
	辐流	0.5~0.6	混合池或接触池		0.1~0.3
双层沉淀池		0.1~0.2	污泥干化场		

（2）考虑远期发展，水量增加的预留水头。

（3）避免处理构筑物之间跌水等浪费水头的现象，充分利用地形高差，实现自流。

（4）在计算并留有余量的前提下，力求缩小全程水头损失及提升泵站的流程，以降低运行费用。

（5）需要排放的处理水，常年大多数时间里能够自流排放水体。注意排放水位一定不选取每年最高水位，因为其出现时间较短，易造成常年水头浪费，而应选取经常出现的高水位作为排放水位。

（6）应尽可能使污水处理工程的出水管渠高程不受洪水顶托，并能自流。

（7）构筑物连接管（渠）的水头损失，包括沿程与局部水头损失，可按下列公式计算确定：

$$h = h_1 + h_2 = \sum il + \sum \xi \frac{v^2}{2g} \tag{4-1}$$

式中　h_1——沿程水头损失，m；

　　　h_2——局部水头损失，m；

　　　i——单位管长的水头损失（水力坡度），根据流量、管径和流速等查阅《给水排水设计手册》获得；

　　　ξ——局部阻力系数，查阅《给水排水设计手册》获得；

　　　g——重力加速度，m/s^2；

　　　v——连接管中流速，m/s。

根据水力计算公式 h_2 还可以通过下式计算：

$$h_2 = \lambda \frac{l}{d} \frac{v^2}{2g} \tag{4-2}$$

式中　λ——管道摩擦阻力系数；

　　　l——管道长度；

　　　d——管道直径。

连接管中流速一般取 0.7~1.5m/s，进入沉淀池时流速可以低些，进入曝气池或反应池时流速可以高些。流速太低时，会使管径过大，相应管件及附属构筑物规格亦增大；流速太高时，则要求管渠坡度较大，水头损失增大，会增加填、挖土方量等，在确定连接管渠时，可考虑留有水量发展的余地。

（8）计量设施的水头损失。污水处理厂厂中计量槽、薄壁计量堰、流量计的水头损失应通过计量设施有关计算公式、留表或者设备说明书来确定。一般污水厂进、出水管上计量仪表中水头损失可按 0.2m 计算。

高程布置示意图如图 4-2 所示。

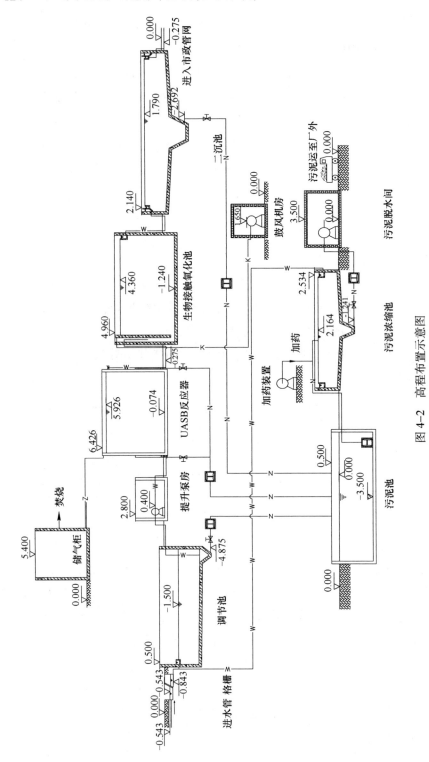

图 4-2　高程布置示意图

4.2.2 高程布置时的注意事项

在对污水处理厂污水处理流程的高程布置时，应考虑下列事项。

（1）选择一条距离最长、水头损失最大的流程进行水力计算，并应适当留有余地，以保证在任何情况下处理系统能够正常运行。

（2）污水尽量经一次提升就能靠重力通过处理构筑物，而中间不应再经加压提升。

（3）计算水头损失时，一般应以近期最大流量作为处理构筑物和管（渠）的设计流量。

（4）污水处理后应能自流排入下水道或者水体，包括洪水季节（一般按 25 年一遇防洪标准考虑）。

（5）高程的布置既要考虑某些处理构筑物（如沉淀池、调节池、沉砂池等）的排空，但构筑物的挖土深度又不宜过大，以免土建投资过大和增加施工的困难。

（6）高程布置时应注意污水流程和污泥流程的结合，尽量减少需提升的污泥量。污泥浓缩池、消化池等构筑物高程的确定，应注意它们的污泥能排入污水井或者其他构筑物的可能性。

（7）进行构筑物高程布置时，应与厂区的地形、地质条件相联系。当地形有自然坡度时，有利于高程布置；当地形平坦时，既要避免二沉池埋入地下过深，又要避免沉砂池在地面上架得很高，这样会导致构筑物造价的增加，尤其是地质条件较差、地下水位较高时。

4.3 污水处理厂高程流程中水力计算

为了使污水和污泥能在各处理构筑物之间通畅流动，以保证处理厂正常运行，必须进行高程布置，以确保各处理构筑物、泵房以及各连接管渠的高程；同时计算确定各部分水面标高。

污水厂高程水力计算时，应选择一条距离最长、损失最大的流程，并按最大设计流量计算。水力计算常以接受处理后污水水体的最高水位作为起点，逆污水流程向上倒推计算，以使处理后的污水在洪水季节也能自流排出，而水泵需要的扬程则较小，运行费用也较低。但同时应考虑土方平衡，并考虑有利排水。

污水厂污水的水头损失主要包括：水流经过各处理构筑物的水头损失；水流经过连接前后两构筑物的管渠的水头损失，包括沿程损失与局部损失；水流经过量水设备的损失。

计算方法按照《给水排水设计手册》第五分册方法进行。

5 脱氮除磷

5.1 缺氧(厌氧)/好氧活性污泥生物脱氮工艺(A₁/O 工艺)

5.1.1 绝氧、厌氧、缺氧及好氧定义

生物脱氮与除磷都利用厌氧状态，但就生化反应的过程有着本质差别，工程上也有着悬殊的技术经济效果。因此，对不同的厌氧状态应予明确的定义。

厌氧与好氧是指在生化反应池中溶解氧的浓度变化，混合液中溶解氧浓度趋近于零即为厌氧状态，有充足的溶解氧即为好氧状态，而介于二者之间如溶解氧浓度低于 0.5mg/L 为缺氧状态。绝氧是指混合液中游离溶解氧趋于零、硝酸态氧也趋于零的绝对厌氧状况。

5.1.2 生物脱氮原理

典型的城市污水中，TN 的含量为 20~85mg/L，平均值为 40mg/L，一般城市污水 TN 的含量在 20~50mg/L 之间。

城市污水中的氮主要以有机氮、氨氮两种形式存在，硝态氮含量很低，其中，有机氮为 30%~40%，氨氮为 60%~70%，亚硝酸盐氮和硝酸盐氮仅为 0~5%。水环境污染和水体富营养化问题的尖锐化迫使越来越多的国家和地区制定严格的污水排放标准。

在自然界中存在着氮循环的自然现象，当采取适当的运行条件后，城市污水中的氮会发生氨化反应、硝化反应和反硝化反应。

(1) 氨化反应：在氨化菌的作用下，有机氮化合物分解、转化为氨态氮，以氨基酸为例，其反应式为：

$$RCHNH_2COOH + O_2 \xrightarrow{\text{氨化菌}} RCOOH + CO_2 + NH_3$$

（2）硝化反应：在硝化菌的作用下，氨态氮分两个阶段进一步分解、氧化，首先在亚硝化菌的作用下，氨（NH_4^+）转化为亚硝酸氮，其反应式为：

$$NH_4^+ + \frac{3}{2}O_2 \xrightarrow{\text{亚硝化菌}} NO_2^- + H_2O + 2H^+ - \Delta F$$

$$(\Delta F = 278.42kJ)$$

继之，亚硝酸氮（NO_2-N）在硝化菌的作用下，进一步转化为硝酸氮，其反应式为：

$$NO_2^- + \frac{1}{2}O_2 \xrightarrow{\text{硝化菌}} NO_3^- - \Delta F$$

$$(\Delta F = 72.27kJ)$$

硝化的总反应式为：

$$NH_4^+ + 2O_2 \longrightarrow NO_3^- + H_2O + 2H^+ - \Delta F$$

$$(\Delta F = 351kJ)$$

（3）反硝化反应：在反硝化菌的代谢活动下，NO_3-N 有两个转化途径，即同化反硝化（合成），最终产物为有机氮化合物，成为菌体的组成部分；异化反硝化（分解），最终产物为气态氮，其反应式见图 5-1。

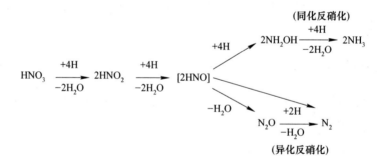

图 5-1 反硝化反应过程

5.1.3 A_1/O 工艺流程

A_1/O 法脱氮是于 20 世纪 80 年代初期开创的工艺流程，又称"前置式反硝化生物脱氮系统"，这是目前采用较为广泛的一种脱氮工艺（图 5-2）。

A_1/O 法脱氮工艺流程的反硝化反应器在前，BOD 去除、硝化两项反应的综合反应器在后。反硝化反应是以原污水中的有机物为碳源的。在硝化反应器内的

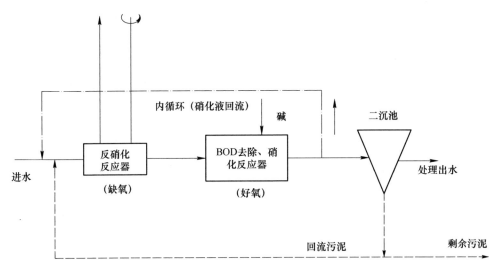

图 5-2　A₁/O 法脱氮系统

含有大量硝酸盐的硝化液回流到反硝化反应器，进行反硝化脱氮反应。

5.1.4　结构特点

A₁/O 工艺由缺氧段与好氧段两部分组成，两段可分建，也可合建于一个反应器中，但中间用隔板隔开，其中，缺氧段的水力停留时间为 0.5~1h，溶解氧小于 0.5mg/L。同时，为加强搅拌混合作用，防止污泥沉积，应设置搅拌器或水下推流器，功率一般为 10W/m³。而好氧段的结构同普通活性污泥法相同，水力停留时间为 2.5~6h，溶解氧为 1~2mg/L。

另外，缺氧段与好氧段可建成生物膜处理构筑物组成生物膜 A₁/O 脱氮系统。在生物膜脱氮系统中，应进行混合液回流以提供缺氧反应器所需的 NO_3^--N，但污泥不需要回流。

5.1.5　设计参数

A₁/O 工艺设计参数见表 5-1。

表 5-1　A₁/O 工艺设计参数

名　称	数　值
水力停留时间（HRT）/h	A 段 0.5~1.0（≤2），O 段 2.5~6，A：O=1：（2~4）

名 称	数 值
溶解氧/mg·L⁻¹	O 段 1~2，A 段趋近于 0
pH 值	A 段 8.0~8.4，O 段 6.5~8.0
温度/℃	20~30
污泥龄 θ_c/d	>10
污泥负荷 N_s/kgBOD₅·(kgMLSS·d)⁻¹	≤0.18
污泥浓度 X/mg·L⁻¹	3000~5000（≥3000）
总氮负荷/kgTN·(kgMLSS·d)⁻¹	≤0.05
混合液回流比 R_n/%	200~500
污泥回流比 R/%	50~100
BOD₅/TKN	≥3
反硝化池 S-BOD₅/NO$_x^-$-N	≥4

注：括号中数值供参考。

5.1.6 计算方法及公式

5.1.6.1 按 BOD₅ 污泥负荷计算

A_1/O 工艺设计计算公式见表 5-2。

表 5-2 A_1/O 工艺设计计算公式

名 称	公 式	符 号 说 明
生化反应池容积比	$\dfrac{V_1}{V_2} = 2 \sim 4$	V_1——好氧段容积，m³； V_2——缺氧段容积，m³
生化反应池总容积	$V = V_1 + V_2 = \dfrac{24QL_0}{N_s X}$	Q——污水设计流量，m³/h； L_0——生物反应池进水 BOD₅ 浓度，kg/m³； N_s——BOD 污泥负荷，kgBOD₅/（kgMLSS·d）； X——污泥浓度，kg/m³

名　称	公　式	符　号　说　明
水力停留时间	$t = \dfrac{V}{Q}$	t——水力停留时间，h
剩余污泥量	$W = aQ_\text{平} L_\text{r} - bVX_\text{v} + S_\text{r}Q_\text{平} \times 50\%$ $X_\text{v} = fX$	W——剩余污泥量，kg/d； a——污泥产率系数，kg/kgBOD₅，一般为 0.5~0.7kg/kgBOD₅； b——污泥自身氧化速率，d⁻¹，一般为 0.05d⁻¹； L_r——生物反应池进水去除 BOD₅ 浓度，kg/m³； $Q_\text{平}$——平均日污水流量，m³/d； X_v——挥发性悬浮固体浓度，kg/m³； S_r——反应器去除的 SS 浓度，kg/m³，且满足 $S_\text{r} = S_0 - S_\text{e}$； S_0，S_e——生化反应池进出水的 SS 浓度，kg/m³； 50%——不可降解和惰性悬浮物量（NVSS）占总悬浮物量（TSS）的百分数； f——系数，取 0.75
剩余活性污泥量	$X_\text{w} = aQ_\text{平}L_\text{r} - bVX_\text{v}$	X_w——剩余活性污泥量，kg/d
湿污泥量	$Q_\text{s} = \dfrac{W}{1000(1-P)}$	Q_s——湿污泥量，m³/d； P——污泥含水率，%
污泥龄	$Q_\text{c} = \dfrac{Vx_\text{v}}{X_\text{w}}$	Q_c——污泥龄，d，泥龄与水温关系（硝化率大于80%）为 $Q_\text{c} = 20.65\exp(-0.0639t)$，$t$ 为水温，℃
最大需氧量	$O_2 = a'QL_\text{r} + b'N_\text{r} - b'N_\text{D} - c'X_\text{w}$	a'，b'，c'——分别为 1，4.6，1.42； N_r——氨氮去除量，kg/m³； N_D——硝态氮去除量，kg/m³； X_w——剩余活性污泥量，kg/d

名　称	公　式	符号说明
回流污泥浓度	$X_r = \dfrac{10^6}{SVI} r$	X_r——回流污泥浓度，kg/d； r——与停留时间、池身、污泥浓度有关的系数，一般 $r = 1.2$
曝气池混合液浓度	$X = \dfrac{R}{1 + R} X_r$	R——污泥回流比，%
内回流比	$R_N = \dfrac{\eta_{TN}}{1 - \eta_{TN}} \times 100\%$	R_N——内回流比，%； η_{TN}——总氮去除率，%

5.1.6.2　按活性污泥法反应动力学模式计算

A_1/O 工艺动力学模式设计计算公式见表 5-3。动力学常数 Y、K_d 的参考值如表 5-4 所列。

表 5-3　A_1/O 工艺动力学模式设计计算公式

名　称	公　式	符号说明
污泥龄	$\theta_c \approx f(t)$	θ_c——硝化菌最小世代时间
硝化区容积	$V = \dfrac{YQ(L_0 - L_e)\theta_c}{X(1 + K_d\theta_c)}$ 或 $V = \dfrac{Y_0 Q(L_0 - L_e)\theta_c}{X}$	V——硝化区容积，m^3； K_d——内源呼吸系数，d^{-1}； Y——污泥产率系数，kgVSS/kgBOD$_5$； Y_0——净污泥产率系数（或表观污泥产率系数），kgVSS/kgBOD$_5$； Q——废水流量，m^3/d； L_0——原废水 BOD$_5$ 浓度，mg/L； L_e——处理水 BOD$_5$ 浓度，mg/L； θ_c——生物固体平均停留时间，d； Y 与 K_d 由表 5-4 确定； $Y_0 = \dfrac{Y}{1 + K_d\theta_c}$

名　称	公　式	符号说明
反硝化区容积	$V_D = \dfrac{N_T \times 1000}{q_{DNR} X}$	V_D——反硝化区（池）所需容积，m^3； X——混合液悬浮固体浓度，mg/L； q_{DNR}——反硝化速率，$kgN/(kgMLSS \cdot d)$； N_T——需要去除的硝酸氮量，$kg(NO_3\text{-}N)/d$，$N_T = N_0 - N_w - N_e$； N_0——原废水中的含氮量，kg/d； N_w——随剩余污泥排放而去除的氮量，kg/d，（细菌细胞含氮量为 12.4%）； N_e——随处理水排放挟走的氮量，kg/d
硝态氮去除量	$m = Q(NO_0 - NO_e)$	m——硝态氮去除量，kg/d； Q——设计流量，m^3/d； NO_0——硝化产生 $NO_3\text{-}N$ 量，mg/L； NO_e——出水中 $NO_3\text{-}N$ 量，mg/L
反硝化速率	$q_{DNR} = 0.3(F/M) + 0.029$	q_{DNR}——反硝化速率，$kgNO_3\text{-}N/(kgVSS \cdot d)$，一般为 $0.05 \sim 0.15 kgNO_3\text{-}N/(kgVSS \cdot d)$； F/M——污泥负荷，$kg/(kg \cdot d)$
温度 $T(℃)$时 反硝化速率	$q_{D,T} = q_{D,20} \theta^{T-20}$	$q_{D,T}$——温度 $T(℃)$ 时反硝化速率，$kg/(kg \cdot d)$； $q_{D,20}$——20℃时反硝化速率，$kg/(kg \cdot d)$； θ——温度系数，一般为 $1.09 \sim 1.15$； T——水温，℃
缺氧池 MLVSS 总质量	$W = \dfrac{m p_F}{q_{D,T}}$	W——MLVSS 总质量，$kgVSS$

名 称	公 式	符 号 说 明
缺氧池容积	$V_{AN} = \dfrac{W}{X_f}$	$X_f = \dfrac{MLVSS}{MLSS} = 0.6 \sim 0.8$
污泥回流比	$R = \dfrac{X}{X_R - X}$	X_R——回流污泥浓度，mg/L
内循环比 I	$\eta_N = \dfrac{R + I}{1 + R + I}$	η_N——反硝化脱氮率，%； I——内循环比
需氧量	$O_2 = D_1 + D_2 - D_3$	D_1——含碳有机物氧化需氧量，kg/d； D_2——硝化需氧量，kg/d； D_3——反硝化减少需氧量，kg/d

表 5-4 动力学常数 Y、K_d 的参考值

动力学参数	脱脂牛奶废水	合成废水	造纸与制浆废水	生活污水	城市废水
$Y/\text{kgVSS} \cdot (\text{kgBOD}_5)^{-1}$	0.48	0.65	0.47	0.5~0.67	0.35~0.45
K_d/d^{-1}	0.045	0.18	0.20	0.048~0.06	0.05~0.10

5.1.6.3 按污泥龄和硝化速率法计算

A_1/O 工艺硝化速率法计算公式见表5-5。

表 5-5 A_1/O 工艺硝化速率法计算公式

名 称	公 式	符 号 说 明
硝化菌最大比增长速率	$\mu_{N,max} = 0.47 \exp [\, 0.098 \times (T-15) \,]$	$\mu_{N,max}$——硝化菌最大比增长速率，d^{-1}； T——水温度，℃
硝化菌比增长速率	$\mu_N = \mu_{N,max} \dfrac{N}{K_N + N}$	μ_N——硝化菌比增长速率，d^{-1}； K_N——硝化菌氧化氨氮饱和常数，mg/L，一般为 1.0mg/L； N——硝化出水 $\text{NH}_4^+\text{-N}$ 浓度，mg/L

名　称	公　式	符 号 说 明
最小污泥龄	$\theta_c^m = 1/\mu_{N,max}$	θ_c^m——最小污泥龄，d
设计污泥龄	$\theta_c^d = S_F P_F \theta_c^m = D_F \theta_c^m$	S_F——安全系数； P_F——分支系数； D_F——设计系数，$D_F = S_F P_F$，一般为 1.5~3.0
表观产率系数	$Y_0 = \dfrac{Y}{1 + K_d \theta_c^d}$	Y——合成系数，一般为 0.5~0.7； K_d——衰减系数，d^{-1}，一般为 0.06~0.24d^{-1}
含碳有机物去除速率	$q_{OBS} = \dfrac{1}{\theta_c^d Y_0}$	q_{OBS}——含碳有机物去除速率，kg/(kg·d)
好氧池水力停留时间	$t = \dfrac{S_0 - S_e}{q_c X}$	S_0——进水有机物浓度，mg/L； S_e——出水有机物浓度，mg/L； X——混合液污泥浓度，mg/L
好氧池容积	$V = QT$	V——好氧池容积，m^3
硝态氮去除量	$m = Q(NO_0 - NO_e)$	m——硝态氮去除量，kg/d； Q——设计流量，m^3/d； NO_0——硝化产生 NO_3-N 量，mg/L； NO_e——出水中 NO_3-N 量，mg/L
反硝化速率	$q_{DNR} = 0.3(F/M) + 0.029$	q_{DNR}——反硝化速率，$kgNO_3$-N/(kgVSS·d)，一般为 0.05~0.15$kgNO_3$-N/(kgVSS·d)； F/M——污泥负荷，kg/(kg·d)

名　称	公　式	符号说明
温度 $T(℃)$ 时反硝化速率	$q_{D,T} = q_{D,20}\theta^{T-20}$	$q_{D,T}$——温度 T（℃）时反硝化速率，$kg/(kg \cdot d)$； $q_{D,20}$——20℃时反硝化速率，$kg/(kg \cdot d)$； θ——温度系数，一般为 1.09~1.15； T——水温，℃
缺氧池 MLVSS 总质量	$W = \dfrac{mp_F}{q_{D,T}}$	W——MLVSS 总质量，$kgVSS$
缺氧池容积	$V_{AN} = \dfrac{W}{X_f}$	$X_f = \dfrac{MLVSS}{MLSS} = 0.6 \sim 0.8$
污泥回流比	$R = \dfrac{X}{X_R - X}$	X_R——回流污泥浓度，mg/L
内循环比 I	$\eta_N = \dfrac{R + I}{1 + R + I}$	η_N——反硝化脱氮率，%； I——内循环比
需氧量	$O_2 = D_1 + D_2 - D_3$	D_1——含碳有机物氧化需氧量，kg/d； D_2——硝化需氧量，kg/d； D_3——反硝化减少需要量，kg/d

5.2　厌氧(绝氧)/好氧活性污泥生物除磷工艺(A₂/O 工艺)

5.2.1　污水中磷的存在形式及含量

城市污水中总磷含量在 4~15kg/L 之间，其中有机磷为 5% 左右，无机磷为 65% 左右，通将都是以有机磷、磷酸盐或聚磷酸盐的形式存在于污水中，我国城市污水中总磷浓度为 3~8mg/L。应该注意的是，由于推广应用无磷洗涤粉（剂），废水中含磷浓度有减少趋势。

5.2.2 A$_2$/O 工艺流程

A$_2$/O 工艺由前段厌氧池和后段好氧池串联组成，如图 5-3 所示。

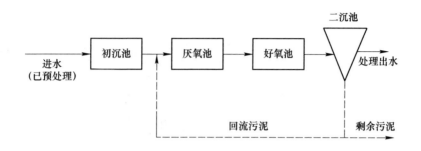

图 5-3 A$_2$/O 除磷工艺流程

在 A$_2$/O 工艺系统中，微生物在厌氧条件下将细胞中的磷释放，然后进入好氧状态，并在好氧条件下能够摄取比在厌氧条件下所释放的更多的磷，即利用其对磷的过量摄取能力将含磷污泥以剩余污泥的方式排出处理系统之外，从而降低处理出水中磷的含量；尤其对于进水中磷与 BOD 比值很低的情况下能取得很好的处理效果。但在磷与 BOD 比值较高的情况下，由于 BOD 负荷较低，剩余污泥量较少，因而，比较难以达到稳定的运行效果。

5.2.3 生物除磷原理

生物除磷是依靠回流污泥中聚磷菌的活动进行的，聚磷菌是活性污泥在厌氧、好氧交替过程中大量繁殖的一种好氧菌，虽竞争能力很差，却能在细胞内贮存聚 β 羟基丁酸（PHB）和聚磷酸盐（Poly-p）。在厌氧好氧过程中，聚磷菌在厌氧池中为优势菌种，构成了活性污泥絮体的主体，它吸收分子的有机物；同时，将贮存在细胞中聚磷酸盐（Poly-p）中的磷通过水解而释放出来，并提供必需的能量。而在随后的好氧池中，聚磷菌所吸收的有机物将被氧化分解并提供能量，同时能从污水中摄取比厌氧条件所释放的更多的磷，在数量上远远超过其细胞合成所需磷量，将磷以聚磷酸盐的形式贮藏在菌体内而形成高磷污泥，通过剩余污泥系统排出，因而可获得相当好的除磷效果。

生物除磷系统的除磷效果与排放的剩余污泥量直接相关，剩余污泥量又取决于系统的泥龄。据有关数据显示，当泥龄为 30d 时，除磷率为 40%；泥龄为 17d

时，除磷率为 50%；泥龄降至 5d 时，除磷率可提高到 87%；所以，一般认为泥龄在 5~10d 时，除磷效果是比较好的。另外，将生物除磷与化学除磷相结合的 Phosenp 工艺也有很高的除磷效果。

5.2.4 结构特点

A_2/O 工艺由厌氧段和好氧段组成，两段可分建，也可合建，合建时两段应以隔板隔开。厌氧池中必须严格控制厌氧条件，使其既无分子态氧，也无 NO_3^- 等化合态氧，厌氧段水力停留时间为 1~2h。好氧段结构形式与普通活性污泥法相同，且要保证溶解氧不低于 2mg/L，水力停留时间 2~4h。

5.2.5 设计参数及规定

A_2/O 法设计参数及规定见表 5-6。

表 5-6 A_2/O 法设计参数

名 称	数 值
污泥负荷率 N_s/kgBOD$_5$ · (kgMLSS · d)$^{-1}$	≥0.1 （0.2~0.7）
TN 污泥负荷/TN · (kgMLSS · d)$^{-1}$	0.05
水力停留时间/h	3~6 （A 段 1~2，O 段 2~4），A : O=1 : （2~3）
污泥龄/d	3.5~7.0 （5~10）
污泥指数 SVI	≤100
污泥回流比 R/%	40~100
混合液浓度 MLSS/mg · L^{-1}	2000~4000
溶解氧 D_O/mg · L^{-1}	A_2 段≈0，O 段=2
温度/℃	5~30 （≥13）
pH 值	6~8
BOD$_5$/TP	20~30
COD/TN	≥10
进水中易降解有机物浓度/mg · L^{-1}	≥60

注：括号内数据供参考。

5.2.6 计算方法与公式

计算方法分为污泥负荷法和劳-麦模式方程法。计算公式分别见表 5-7 和表 5-8。

表 5-7 污泥负荷法计算公式

名　称	公　式	符 号 说 明
生化反应容积比	$V_1/V_2 = 2.5 \sim 3$	V_1——好氧段容积，m^3； V_2——厌氧段容积，m^3
生化反应池总容积	$V = V_1 + V_2 = 24QL_0/(N_sX)$	V——生化反应总容积，m^3； Q——污水设计流量，m^3； L_0——生化反应池进水 BOD_5 浓度，kg/m^3； X——污泥浓度，kg/m^3； N_s——BOD污泥负荷，$kgBOD_5/(kgMLSS \cdot d)$
水力停留时间	$t = V/Q$	t——水力停留时间，h
剩余污泥量	$W = aQ_平 L_r - bVX_v + S_r Q_平 \times 50\%$	W——剩余污泥量，kg/d； a——污泥产率系数，$kg/kgBOD_5$，一般为 $0.5 \sim 0.7kg/kgBOD_5$； b——污泥自身氧化系数，d^{-1}，一般为 $0.05d^{-1}$； L_r——生化反应池去除 BOD_5 浓度，kg/m^3； $Q_平$——平均日污水流量，m^3/d； S_r——反应器去除的 SS 浓度，kg/m^3； X_v——挥发性悬浮固体浓度，kg/m^3； $X_v = 0.75X$

表 5-8 劳-麦模式方程法计算公式

名　称	公式	符号说明
污泥龄	$\dfrac{1}{\theta_c} = YN_s - K_d$ $\dfrac{1}{\theta_c} = \dfrac{Q}{V}\left(1 + R - R\dfrac{X_r}{X_v}\right)$	θ_c——污泥龄，d； Y——污泥产率系数，$kgVSS/kgBOD_5$； N_s——污泥负荷，$kgBOD_5/(kgMLSS \cdot d)$； K_d——内源呼吸系数； Q——污水设计流量，m^3/d； V——反应器容积，m^3； R——回流比，%
曝气池内污泥浓度	$X = \dfrac{\theta_c}{t} \times \dfrac{Y(L_0 - L_e)}{1 + K_d\theta_c}$	X——曝气池内活性污泥浓度，kg/m^3； t——水力停留时间，h； L_0——原废水 BOD_5 浓度，mg/L； L_e——处理水 BOD_5 浓度，mg/L
最大回流污泥浓度	$X_{max} = \dfrac{10^6}{SVI} \times r$	X_{max}——最大回流污泥浓度，mg/L
最大回流挥发性悬浮固体浓度	$X_r = f X_{max}$	X_r——最大回流挥发性悬浮固体浓度，mg/L； f——系数，一般为 0.75

5.3　生物法脱氮除磷工艺

5.3.1　生物脱氮除磷原理

　　生物脱氮除磷是将生物脱氮和除磷组合在一个流程中同步进行。其工艺流程方法较多，但它们的共性是都具有厌氧、缺氧和好氧池（区）；最先研究是以生物除磷为目的，后来改良成生物脱氮除磷于一体。

　　在生物脱氮除磷工艺流程中，厌氧池的主要功能为释放磷，使污水中磷的浓度升高，溶解性有机物被微生物细胞吸收而使污水中 BOD 浓度下降；另外，NH_4^+-N 因细胞的合成而被去除一部分，使污水中 NH_4^+-N 浓度下降，但 NO_3^--N 含量没有变化。

在缺氧池中，反硝化菌利用污水中的有机物作碳源，将回流混合液中带入的大量 NO_3^--N 和 NO_2^--N 还原为 N_2 释放至空气中，因此，BOD_5 浓度下降，NO_3^--N 浓度大幅度下降而磷含量的变化很小。

在好氧池中，有机物被微生物生化降解，而继续下降；有机氮被氨化继而被硝化，使 NO_3^--N 浓度显著下降，但随着硝化过程，NO_3^--N 的浓度却增加，磷含量随着聚磷菌的过量摄取也以比较快的速度下降。所以，A_2/O 等工艺可以同时完成有机物的去除、硝化脱氮、磷的过量摄取而被去除等功能，脱氮的前提是 NO_3^--N 应完全硝化，好氧池能完成这一功能，缺氧池则完成脱氮功能。厌氧池和好氧池联合完成除磷功能。

5.3.2 脱氮除磷基本工艺流程

脱氮除磷基本工艺如下：（1）A_2/O 法；（2）Bardenpho 工艺；（3）Phoredox 工艺；（4）UCT 工艺；（5）VIP 工艺；（6）氧化沟法；（7）SBR 法。

5.3.2.1 A_2/O 工艺

A_2/O 是 A_1/O 的变形，为脱氮而增设了缺氧池，如图 5-4 所示。缺氧池 HRT 为 1.0h，DO 浓度为 0。好氧池内富硝基（NO_3^- 和 NO_2^-）液回流到缺氧池实现脱氮。出水磷浓度小于 2mg/L，经过滤后出水磷浓度小于 1.5mg/L。

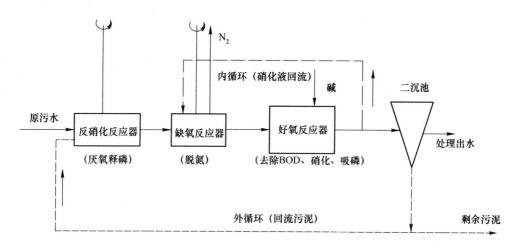

图 5-4 A_2/O 工艺

5.3.2.2 Bardenpho 工艺（5 段）

该工艺反应器配置和混合液回流方法与 A_2/O 不同，如图 5-5 所示。第二个缺氧池是为脱氮而设置的,并以 NO_3^- 为电子受体,有机磷为电子供体,最终好氧池用于吹脱溶液中残留的 N_2,并防止二沉池磷的释放。5 段 Bardenpho 工艺污泥龄比 A_2/O 工艺要长,有利于有机碳的氧化。

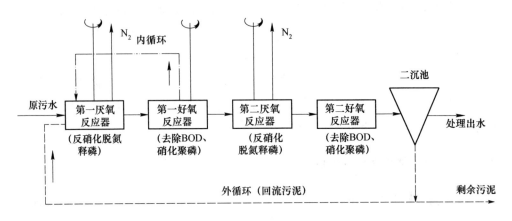

图 5-5　Bardenpho 工艺

5.3.2.3　UCT 工艺

UCT 工艺是由开普敦大学开发的一种类似于 A_2/O 工艺的除磷脱氮技术,它与 A_2/O 有两点不同。该工艺的回流污泥是回流到缺氧池而不是厌氧池,再把缺氧池的混合液回流到厌氧池。把活性污泥回流到缺氧池,消除了硝酸盐对厌氧池厌氧环境的影响,这样就改善了厌氧池磷释放的环境,并且增加了厌氧段有机物的利用率。缺氧池向厌氧池回流的混合液含有较多的溶解性 BOD,而硝酸盐很少。缺氧混合液的回流为厌氧段内所进行的发酵等提供了最优的条件,如图 5-6 所示。

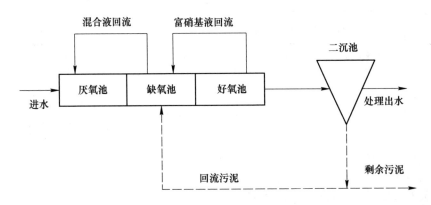

图 5-6　UCT 工艺

5.3.2.4 VIP工艺

VIP工艺是美国Virginia州Hampton Roads公共卫生区与CH2MHILL公司于20世纪80年代末开发并获得专利的污水生物除磷脱氮工艺。它是专门为该区Lamberts Point污水处理厂的改扩建而设计的，该改扩建工程被称为Virginia Initiative Plant（VIP），目的是采用生物处理取得经济有效的氮磷去除效果。由于VIP工艺具有普遍适用性，在其他污水处理厂也得到了应用。VIP工艺与UCT、A_2/O工艺相似，但内循环不同。回流污泥和好氧池硝化液一并进入缺氧池起端，缺氧池混合液回流到厌氧池起端，如图5-7所示。建设规模为80000m^3/d的某污水处理厂采用了类似VIP的池型构造，主导运行方式为A/O生物脱氮，也可以按VIP、A_2/O方式运行。不曝气段的停留时间为5.2h，好氧段停留时间为10.2h。

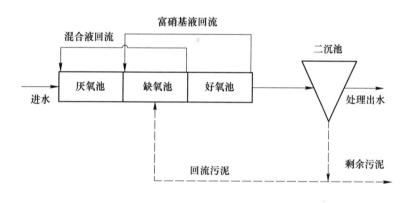

图5-7 VIP工艺

5.3.2.5 改良A_2/O工艺

改良A_2/O工艺的提出起源于泰安市污水处理厂工程的设计和建设，为了合理地确定泰安市污水处理厂的工艺流程和设计参数，中国市政工程华北设计研究院在泰安市进行了现场试验。针对泰安城市污水的水质水量特征，通过综合A_2/O工艺和改良UCT的优点，提出了如图5-8所示的改良A_2/O工艺。

5.3.3 生物脱氮除磷工艺的比较

各种生物脱氮除磷工艺比较见表5-9。不论哪种工艺，其共同的优点是产泥量与标准活性污泥法相当，不需投加药剂就可除磷。

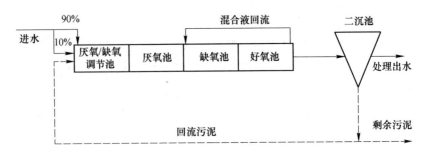

图 5-8 改良的 A_2/O 工艺

表 5-9 脱氮除磷工艺优缺点

工艺	优 点	缺 点
A_2/O	剩余污泥磷含量 3% ~ 5%，肥效高；脱氮能力高于 A_2/O 法	低温时性能不稳定，比 A_2/O 法复杂
Bardenpho	是生物除磷法中产泥量最少的工艺，剩余污泥中磷浓度较高，有肥料价值；出水 TN 含量比其他工艺低；补充碱度用药少或无需使用药剂。该工艺在南非使用广泛，运行经验多	内循环量大，耗电量大，维护管理复杂。美国应用不多。投药量不确定。反应器容积比 A_2/O 大，设置初沉池降低了 N、P 的去除能力，需要较高的 BOD/P，处理效率受到温度的影响
UCT	厌氧池良好的厌氧条件，保证磷的充分释放和好氧池的过量吸收。UCT 法与 Bardenpho 法相比反应池容积较小	美国应用实例较少。内循环量大，泵耗电量多，维护管理复杂。投药量不确定，需要较高的 BOD/P，温度对处理效率的影响不明显
VIP	富硝基液回流到缺氧池减少了氧量和碱度的消耗。缺氧池回流到厌氧池减少了好氧池硝酸盐负荷对厌氧条件的影响。氮磷去除与季节水温成正比	内循环量大，泵耗电量多，维护管理复杂。美国应用实例较少。低温时，脱氮效果降低

5.3.4 工艺参数及规定

5.3.4.1 污水的特性指标

（1）$BOD_5/COD > 0.35$，表明污水可生化性较好。

（2）$BOD_5/TN>3.0$，$COD/TN>7$，满足反硝化需求；若 $BOD_5/TN>5$，氮去除率大于60%。

（3）$BOD_5/TP>20$，$COD/TP>30$，表明生物除磷效果较好。

5.3.4.2 生物脱氮除磷工艺设计参数及规定

生物脱氮除磷工艺设计参数及规定见表5-10。

表5-10 生物脱氮除磷工艺设计参数及规定

项目	F/M /kgBOD · (kgMLVSS · d)$^{-1}$	SRT/d	MLSS /mg · L^{-1}	HRT/h					污泥回流比 /%	混合比 /%
				厌氧区	缺氧区1	好氧区1	缺氧区2	好氧区2		
A$_2$/O	0.15~0.7 (0.15~0.25)	4~27 (5~10)	3000~5000	0.5~1.5	0.5~1.0	3.0~6.0			40~100	100~300
Phoredox	0.1~0.2	10~40	2000~4000	1~2	2~4	4~12	2~4	0.5~1	50~100	400
UCT	0.1~0.2	10~30	2000~4000	1~2	2~4	4~12	2~4		50~100	100~600
VIP	0.1~0.2	5~10	1500~3000	1~2	1~2	2~4			50~100	200~400

注：括号内为推荐数据。

5.3.5 A$_2$/O工艺设计参数及规定

表5-11为A$_2$/O工艺设计参数及规定。

表5-11 A$_2$/O工艺设计参数及规定

名 称	数 值
BOD 污泥负荷 N_s/kgBOD$_5$ · (kgMLSS · d)$^{-1}$	0.15~0.2 (0.15~0.7)
TN 负荷/kgTN · (kgMLSS · d)$^{-1}$	<0.05
TP 负荷/kgTP · (kgMLSS · d)$^{-1}$	0.003~0.006
污泥浓度/mg · L^{-1}	2000~4000 (3000~5000)
水力停留时间/h	6~8；厌氧：缺氧：好氧=1：1：(3~4)
污泥回流比/%	25~100
混合液回流比/%	≥200 (100~300)

名　称	数　值
泥龄 θ_c/d	15~20（20~30）
溶解氧浓度/mg·L^{-1}	好氧段 $DO=2$ 缺氧段 $DO \leqslant 0.5$ 厌氧段 $DO<0.2$
TP/BOD$_5$	<0.06
COD/TN	>8
反硝化 BOD$_5$/NO$_3^-$	>4
温度/℃	13~18（≤30）

注：括号内数据供参考。

A$_2$/O 计算过程如下：

（1）确定进水性质和出水水质要求；

（2）保证进水 pH 值（碱度>100mg/L）和营养物（C∶N∶P=100∶16∶1）水平；

（3）计算在硝化时消耗的碱度和脱氮时产生的碱度，反应器中能保持100mg/L 碱度，便可维持适于硝化的 pH 值；

（4）计算硝化的反应器体积和水力停留时间；

（5）选择反硝化速率，根据前面所给出的反硝化区容积计算公式确定所需的缺氧反应器体积；

（6）根据选定的停留时间计算厌氧区体积；

（7）计算需氧量。

5.3.6　设备与装置

脱氮除磷工艺需要大量的设备和装置来保证微生物生长的适宜环境。除了曝气装置外主要是一些搅拌和混合设备来保证反应器的厌氧和缺氧状态。

（1）搅拌器。一般竖直轴多用于完全混合式反应器中。设计时搅拌功率一般为 10W/m^3。

（2）水下推流器。水下电机通过减速机传动，带动螺旋桨转动，产生大面积的推流作用，提高池内（底）的水流速度，加强搅拌混合作用，防止污泥沉积。

设计时选用的个数和安装距离应根据保证污泥不沉积和所需的厌（缺）氧状态为原则。

6 水处理工程实例

实例1 农村生活污水处理工程

6.1.1 工程概述

6.1.1.1 基本概况

项目名称：70t/d农村（480人）生活污水处理工程。

执行标准：《城镇污水处理厂污染物排放标准》一级标准。

6.1.1.2 设计目的

编制本设计方案主要为达到以下目的：

(1) 了解废水的产生过程，分析废水产生特性；

(2) 分析此类废水水质特点，确定工程范围和设计参数；

(3) 通过经济技术比较论证提出合理的工程设计方案；

(4) 确保工艺的正常、无害化运行，处理污水最终达标排放。

6.1.1.3 设计依据

(1)《地表水环境质量标准》（GB 3838—2002）；

(2)《室外排水设计规范》（GBJ 14—87）；

(3)《污水综合排放标准》（GB 8978—1996）；

(4)《城镇污水处理厂污染物排放标准》（GB 18918—2002）。

6.1.2 水质简介

6.1.2.1 废水来源

生活污水是人类日常生活过程产生的污水，主要包含厨房洗刷、餐厨废水、卫生间冲马桶废水、洗手废水、浴室洗澡水、洗衣废水和冲洗地面废水等生活设施中排放的水。

6.1.2.2 废水特点

生活过程中产生的污水，是水体的主要污染源之一。生活污水中含有大量有机物，如纤维素、淀粉、糖类和脂肪蛋白质等；也常含有病原菌、病毒和寄生虫卵，无机盐类的氯化物、硫酸盐、磷酸盐、碳酸氢盐和钠、钾、钙、镁等。总的特点是含氮、含硫和含磷高，在厌氧细菌作用下，易生恶臭物质。

6.1.3 设计水质水量及处理标准

6.1.3.1 设计水质水量

参考常规生活污水污染物含量约为 COD：300mg/L，SS：150mg/L，NH_3-N：35mg/L，TP：3mg/L。

根据《河南省农村环境综合整治生活污水处理适用技术指南（试行）》中农村居民生活用水量参考取值，考虑一定的余量，按每人每天产生的污水量为150L计算，则 480 人口村庄每日产生的污水量为 $70m^3$，按废水处理系统每天运行 24h 设计，即每小时处理水量为 $3m^3$。

项目主要污染物产生情况如表 6-1 所示。

表 6-1 项目主要污染物产生情况

污染物	COD	SS	NH_3-N	动植物油	大肠杆菌
浓度/mg·L^{-1}	300	150	30	30	10^5 个/L

6.1.3.2 出水水质指标

根据废水的水质特性，采用"生物接触氧化法+AO 工艺"处理废水，处理后出水水质指标 COD、SS、NH_3-N、TN、TP 均达到《城镇污水处理厂污染物排放标准》（GB 18918—2002）中的一级标准，相关数值如表 6-2 所示。

表 6-2 出水水质指标

污染物	COD	BOD	SS	NH_3-N	pH 值	大肠杆菌
一级标准/mg·L^{-1}	≤60	≤20	≤20	≤15	6~9	≤10^3 个/L

6.1.4 工艺选择

有必要根据确定的标准和一般原则，从整体优化的观念出发，结合设计规模、废水水质特性以及当地的实际条件和要求，选择切实可行且经济合理的方案，经全面经济技术比较后优选出最佳的总体工艺方案和实施方式。在废水处理工程的总体工艺方案确定中，将遵循以下原则：

(1) 处理效果稳定可靠；

(2) 工艺控制调节灵活；

(3) 工程实施切实可行；

(4) 运行维护管理方便；

(5) 投资运行费用节省；

(6) 整体工艺协调优化。

6.1.5 处理工艺分析

6.1.5.1 格栅

格栅安装在废水渠道、集水井的进口处，用于拦截较大的悬浮物或漂浮物，防止堵塞水泵机组及管道阀门，同时还可以减轻后续构筑物的处理负荷。格栅分为人工格栅和机械格栅两种。一般污水中大颗粒物较少，水量较少的多常用人工格栅，对于水量较大的污水处理设施可以根据情况采用机械格栅。

6.1.5.2 调节池

调节池用于对水量和水质的调节，调节污水 pH 值、水温，有预曝气作用，还可用作事故排水。调节池有均质调节池和均量调节池两种，对于生活污水来说调节池既起到均质调节的作用，又起到均量调节的作用。一般设计停留时间为8~12h，常做成土建钢混结构，也做成砖混、碳钢或玻璃钢结构。

6.1.5.3 生化处理工艺

生物接触氧化法（AO 工艺）是一种介于活性污泥法与生物滤池之间的生物膜法工艺，其特点是在池内设置填料，池底曝气对污水进行充氧，并使池体内污水处于流动状态，以保证污水与污水中的填料充分接触，避免生物接触氧化池中存在污水与填料接触不均的缺陷。

该法中微生物所需氧由鼓风曝气供给，生物膜生长至一定厚度后，填料壁的微生物会因缺氧而进行厌氧代谢，产生的气体及曝气形成的冲刷作用会造成生物膜的脱落，并促进新生物膜的生长，此时，脱落的生物膜将随水流出池外。

生物接触氧化法具有以下特点：

(1) 由于填料比表面积大，池内充氧条件良好，池内单位容积的生物固体量较高，因此，生物接触氧化池具有较高的容积负荷。

（2）由于生物接触氧化池内生物固体量多，水流完全混合，故对水质水量的骤变有较强的适应能力。

（3）剩余污泥量少，不存在污泥膨胀问题，运行管理简便。

生物接触氧化法是一种具有活性污泥法特点的生物膜法，兼有生物膜法和活性污泥法的优点。

6.1.5.4　推荐处理工艺

经过上述分析，根据多年的处理相关污水的经验，结合同类型企业处理污水的实例，同时也考虑到工程投资、运行费用、工艺的稳定性等多方面的原因，确定采用"生物接触氧化法 AO+沉淀+消毒"来处理生活运营过程中产生的生活污水。

6.1.6　工艺流程及说明

6.1.6.1　工艺流程的确定

通过了解废水来源，对污水成分、水质特点作理论综合分析，在此基础上，结合以往治理同类型废水所取得的经验，并考虑排水标准、资金投入等技术经济指标，确定采用"生物接触氧化法 AO+沉淀+消毒"处理工艺。

具体工艺流程如图 6-1 所示。

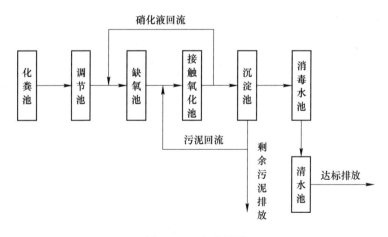

图 6-1　工艺流程图

6.1.6.2　工艺流程说明

污水首先在化粪池中进行厌氧发酵，使污水中的大分子有机物含量减少，为后续处理降低压力；然后经格栅拦截去除水中废渣、纸屑、纤维等固体悬浮物，进入调节池，在调节池内均质、均量；均质、均量的污水在调节池中经泵提升至缺氧池，原污水与从沉淀池排出的含磷回流污泥同步进入，本反应器主要功能是释放磷，同时部分有机物进行氨化；缺氧池出水自流进入好氧池，在接触氧化池段存在好氧微生物及硝化菌，其中好氧微生物将有机物分解成 CO_2 和 H_2O；在充足供氧条件下，硝化菌的硝化作用将 $NH_3\text{-}N$ 氧化为 NO_3^-，通过回流控制返回至缺氧池，在缺氧条件下，异养菌的反硝化作用将 NO_3^- 还原为分子态氮；通过接触氧化池的污水进入二沉池，使污水进行泥水分离，二沉池的污泥一部分回流至缺氧池，以增加接触氧化池活性污泥浓度，剩余污泥进入污泥池，经过好氧消化后减少污泥浓度，剩余污泥定期外运处置。分离后的污水进入消毒池，通过和二氧化氯产生的消毒剂充分反应进行消毒后达标排放。

6.1.6.3 工艺与控制系统的联系

本方案拟采用 PLC 全自动程序控制，减少人工投入，对工艺做到全自动准确控制。

6.1.7 工艺设施

污水处理工艺主要包括格栅井、调节池、污泥池、一体化设备等设施，设计说明如下：

6.1.7.1 格栅井

在生活污水进入调节池前设置一道格栅，用以去除生活污水中的软性缠绕物、较大固体颗粒杂物及飘浮物，从而保护后续工作水泵使用寿命并降低系统处理工作负荷。

基本尺寸：1000mm×600mm×1000mm；

数量：1座；

格栅井设置砖混结构；

附属设备：人工格栅。

6.1.7.2 调节池

调节池为污水汇集处，由于来自各时的水质、水量均不一样，因此为使处理系统连续稳定地运行，同时调节水量和均化水质，设计调节池，调节池的设计有效容积一般为平均处理量的 8~12 倍。调节池内设置潜污泵，液位控制，经均量、均质的污水提升至后级处理。池内设集水坑、爬梯，便于水泵工作及其维护。

有效容积：35m³，尺寸可根据现场场地调整；

数量：1座；

附属设备：污水提升泵2台（1用1备）；

液位浮球1个。

6.1.7.3　SM-70一体化设备

本工艺的核心部分为一体化污水处理设备，设计采用一套规格为3m³/h地埋式一体化污水处理设备，材质为Q235防腐。箱体采用地埋式，箱体上留检修人孔。箱体组成：箱体内设计有缺氧池（A级池）、接触氧化池（O级池）、二沉池、消毒池。

基本尺寸：10m×2.5m×3.5m；

防腐：底层涂防锈漆；外层涂环氧沥青防腐漆；

数量：1台。

（1）缺氧池：将污水进一步混合，充分利用池内高效生物组合填料作为细菌载体，分别靠厌氧和兼氧微生物将污水中难溶解有机物转化为可溶解性有机物，将大分子有机物水解成小分子有机物，以利于后道O级生物处理池进一步氧化分解，同时通过回流的硝碳氮在硝化菌的作用下，可进行部分硝化和反硝化，去除氨氮。水力停留时间 $T=2h$。

附属设备：组合填料。

（2）好氧池：容积负荷 $0.80\sim1.5kgBOD_5/(m^3\cdot d)$；气水比15:1。

该池为本污水处理的核心部分，分两段，前一段在较高的有机负荷下，通过附着于填料上的大量不同种属的微生物群落共同参与下的生化降解和吸附作用，去除污水中的各种有机物质，使污水中的有机物含量大幅度降低；后段在有机负荷降低的情况下，通过硝化菌的作用，在氧量充足的条件下降解污水中的氨氮，同时也使污水中的COD值降低到更低的水平，使污水得以净化。两段式设计能使水质降解成梯度，达到良好的处理效果，同时设计采用相应导流紊流措施，使设计更合理。

曝气方式采用微孔曝气，这样的设计能有效地避免管路由于处理废水产生的污泥堵塞，延长使用寿命，提高氧利用率。

附属设备：风机2台（1用1备交替运行）；

组合填料；

硝化液回流泵1台；

微孔曝气器。

（3）二沉池：表面负荷 $0.9m^3/m^2$。

沉淀是污水中的悬浮物在重力作用下，与水分离的过程。这种工艺简单易行，分离效果好，在各类污水处理系统中往往是不可缺少的一种工序。此处沉淀池作用是进行固液分离，去除生化池中剥落下来的生物膜和悬浮污泥，使污水真正净化，出水效果稳定。设污泥回流装置，部分污泥回流至 A 级生物处理池和 O 级生物处理池进行硝化和反硝化，既减少了污泥的生成，也利于污水中氨氮的去除。

附属设备：斜管填料；

污泥泵 1 台。

（4）消毒池：二沉池出水进入消毒池，经消毒后可达标排放。

6.1.7.4 二氧化氯发生器

将氯酸钠或亚氯酸钠药液与工业合成盐酸经供料系统输送到反应器中，在负压条件下曝气混合反应生成二氧化氯或纯二氧化氯气体，经吸收管路和水射器吸收射流形成二氧化氯消毒液，再经投加管道输送到待消毒水体达到消毒目的。

附属设备：二氧化氯发生器 1 套。

6.1.7.5 污泥池

二沉池污泥经污泥泵定时排至污泥池，污泥池上清液回流至调节池进行处理，剩余污泥进行污泥浓缩和好氧消化，定期抽吸外运（每年 2~3 次）。

有效体积：$6m^3$；

数量：1 座。

6.1.7.6 二次污染防治

（1）臭气防治：

1）污水站各池体均被密闭，以防臭气外逸；

2）各可能产生异味的池体分别设置空气管进行曝气和好氧消化，从而尽可能减少异味产生。

（2）噪声控制：

1）系统设施设计在无人区角落，对外界影响小；

2）风机选用低噪声型，本机噪声≤80dB，风机进出口均采用消声器，底座用隔震垫，进出口风管采取可挠橡胶软接头等减震降噪措施；

3）确保周围环境噪声：白天≤60dB，晚上≤50dB。

（3）污泥处理：

1）污泥由二沉池排放，大量回至 A 级生物处理池，从而减少污泥产量；

2）二沉池中的污泥部分排入污泥池进行重力浓缩和好氧消化分解，从而减少污泥体积，提高污泥稳定性。

（4）防腐：本设计方案中土建构筑物采用钢筋砼结构，主要设备采用碳钢防腐。设备刷环氧沥青漆。设备池内管道采用优质工程管道 ABS，以确保整体使用寿命达 20 年以上。

6.1.8　电气控制和生产管理

（1）工程范围：本自动控制系统为污水处理工程工艺所配置，自控专业主要涉及的内容为该污水处理系统中水泵与液位的连锁、报警、风机的交替动作、电磁阀的定时工作等。

（2）控制水平：自动与手动结合。

（3）电气控制：采用全自动可编程序控制系统，该系统特点是：

1）设全自动控制及手动控制功能；

2）水泵与风机能在设置时间内自动交替使用；

3）进水泵低水位停止，高水位启动，超警戒水位提供报警信号；

4）设备停止工作 2h 以上，为保持生物膜的活性，风机能定时间歇运行；

5）设有过流、过载、断相、短路保护、故障自动切换并声光报警；

6）污水处理站 24h 运行，控制系统自动化水平较高，只需配备 1 名兼职人员。

（4）污水泵：调节池及过滤配水池内污水泵符合以下工况，水泵的启动受液位控制。

1）高液位：启动水泵；

2）低液位：关闭水泵。

（5）风机：风机设置 2 台，8~12h 内间歇交替运行。

（6）污泥泵：二沉池中污泥由污泥泵排入前端进行污泥回流，剩余污泥排入污泥池，定期清运。

（7）其他：

1）各类电气设备均设置电路短路和过载保护装置；

2）动力电源由变电站提供，接入污水处理站动力配电柜。

6.1.9 生产管理

（1）维修：如本污水站在运转过程中发生故障，由于污水处理站必须连续投运的机电设备均有备用，则可启动备用设备，保证设施正常运转，同时对污水处理设施进行检修。

（2）人员编制：污水处理站实行 24h 连续运转，由于处理系统自动化程度高，所以只需配备 1 名兼职管理操作人员，负责格栅清渣和日常巡视、操作、维护等工作。

（3）技术管理：进行污水处理设备的巡视、管理、保养、维修。如发现设备有不正常或水质不合格现象，及时查明原因，采取措施，保证处理系统的正常运化。

6.1.10 工程构筑物、设备分析

（1）污水处理设备占地面积见表 6-3。

表 6-3 污水处理设备占地面积

序号	名 称	尺寸/m×m×m	数量	单位	材质
1	格栅井	1×0.6×1	1	座	砼混
2	调节池（有效容积）	4×4×2.5	63	m³	砼混
3	污泥池（有效容积）	1.5×1.5×2.5	5.6	m³	砼混
4	清水池（有效容积）	3×2×2.5	15	m³	砼混
5	一体化设备基础	10.4×2.9×0.2	6	m³	C25 砼
6	设备间	4×3×3	1	座	砖混

（2）主要设备分项见表 6-4。

表 6-4 主要设备分项一览表

序号	名 称	规 格	数量	单位	备 注
01	人工格栅	SM-GS75	1	件	
02	一体化设备	SM-70	1	台	长度 10m，宽度 2.5m，高度 3.5m
03	污水提升泵	WQ50-5-10-0.75	2	台	上海

序号	名　　称	规　　格	数量	单位	备　　注
04	风机	$N=2.2\text{kW}$	2	台	含进出口消声器
05	微孔曝气装置	D215	50	套	材质 ABS，含管道
06	组合填料	$\phi150\times2500$	1	批	聚乙烯加醇化丝
07	填料支架	$\phi12$	1	批	钢结构
08	液位控制器	浮球式	2	套	外购
09	污泥泵	WQ50-3-10-0.75	1	台	上海
10	二氧化氯发生器	CLD-50	1	台	
11	防腐材料	环氧沥青漆	1	宗	环氧沥青漆
12	管道阀门	国标	1	宗	华亚
13	运费		1	项	
14	安装、调试费		1	项	

（3）工程说明：本设计因地制宜，布局合理，设计规范。待合同生效后，再提供设备结构图和设备结构工艺施工说明等详细技术资料。

6.1.11　环境经济效益指标

污水处理用电设备动力消耗如表 6-5 所示。

表 6-5　污水处理用电设备动力消耗一览表

构筑物名称	设备装置	装机台数/台	运行台数/台	单机功率/kW	总装机容量/kW	运行容量/kW
主体设备	提升泵	2	1	0.75	1.5	0.75
	风机	2	1	2.2	4.4	2.2
	污泥回流泵	1	1	0.75	0.75	0.75

运行成本如下：

（1）电费：本工程总装机容量 6.65kW，其中运行容量 3.7kW，每小时理论耗电量为 3.7kW·h，电费按 0.5 元/度计，则理论电费为：$E_1 = 3.7\times0.5 = 1.85$ 元/h，每小时处理水量 3t，即处理每吨水电费为 0.55 元。

（2）药剂费：正常运行过程中需投加盐酸和氯酸钠，每吨水投加药剂费用约为 0.1 元。

（3）总运行费用：$E = 0.69$ 元/t。

实例 2 某县啤酒厂废水处理站设计（生物接触氧化法）

6.2.1 设计依据

啤酒厂废水主要来源有麦芽生产过程的洗麦水、浸麦水、发芽降温喷雾水、麦糟水、洗涤水、凝固物洗涤水，糖化过程的糖化过滤洗涤水，发酵过程的发酵罐洗涤水、过滤洗涤水，包装过程的洗瓶水、灭菌水、破瓶啤酒及冷却水和成品车间洗涤水。生活废水主要来自办公楼、食堂、宿舍和浴室。

啤酒废水来自啤酒生产各工序中的排放，主要污染物成分是氨基酸、果胶、啤酒花、维生素、蛋白等有机物及钾、钙、镁的硅盐、磷酸盐等无机物。啤酒工业废水主要含糖类、醇类等有机物，有机物浓度较高，虽然无毒，但易于腐败，排入水体要消耗大量的溶解氧，对水体环境造成严重危害。为了减轻废水对环境的污染，宜将废水处理达污水综合排放标准一级标准后排放。

本项目主要针对啤酒工业废水治理进行设计，主要设计依据为：

（1）根据国家啤酒工业废水的水质情况进行分析处理；

（2）《中华人民共和国环境保护法》和《水污染防治法》；

（3）《污水综合排放标准》（GB 8978—1996）；

（4）《给水排水设计手册》；

（5）《给水排水制图标准》；

（6）《给水排水工程快速设计手册》；

（7）业主提供的有关设计文件和基础数据。

6.2.2 设计任务

本设计方案的编制范围是某市生活污水处理工艺，处理能力为 9458m³/d，内容包括处理工艺的确定、各构筑物的设计计算、设备选型、管道铺设、平面布置、高程计算。完成总平面布置图、剖面图、一个主要构筑物的详图。

6.2.3　设计要求

6.2.3.1　污水处理厂的设计原则

（1）满足占地要求，采用合理结构设计。

（2）与厂区总体规划相衔接，并与周边环境相协调。

（3）满足工艺要求并按照不同功能分区布置，用绿化带隔开。

（4）废水站功能明确，构筑物布置紧凑，力求经济合理利用土地，减少占地面积。

（5）处理构筑物之间间距的确定，考虑各管道施工维修方便。

（6）按照建成范围或废水站要求进行绿化布置，并采取绿化措施进行隔离。在废水站内各个构筑物、建筑物的周围及废水站周围进行绿化，既美化了环境，又对整个废水站的建筑起到了烘托作用。

（7）尽量使废水处理站布局紧凑，以节省用地。

废水站平面布置除了遵循上述原则外，具体还应根据城市主导风向、进水方向、排水具体位置、工艺流程特点及站址地形、地质条件等因素进行布置，既要考虑流程合理、管理方便、经济实用，还要考虑建筑造型、厂区绿化与周围环境协调等因素。

6.2.3.2　原始数据

本工程为重庆某县啤酒厂污水处理工程，要求处理达到《城镇污水处理厂污水排放标准》一级 A 排放标准。

设计方提供原水水质、水量情况如下：

水量：该县原水水量为 9458m³/d。

水质：水质指标见表 6-6。

表 6-6　水质指标

项　目	进水水质/mg·L⁻¹	出水一级 A 标/mg·L⁻¹
BOD	200	≤10
COD	500	≤100
SS	240	≤70

项　目	进水水质/mg·L^{-1}	出水一级A标/mg·L^{-1}
NH$_3$-N	30	≤8
TP	5	≤1

污水处理流程SS进出口浓度及去除率见表6-7。

表6-7　SS进出口浓度及去除率

项　目	进水水质/mg·L^{-1}	出水水质/mg·L^{-1}	去除率/%
格栅/COD	240~500	216	10
调节池	216	108	50
UASB反应器	108	43.2	60
生物接触氧化池	43.2	15	65
二沉池	15	8	50

6.2.4 工艺分析

啤酒废水中主要含有糖、醇类等有机物，废水的BOD$_5$/COD值为0.67~0.80，易于生化降解。国内外广泛采用生化处理工艺，其中包括好氧生物处理、厌氧生物处理、好氧与厌氧联合生物处理方法。从目前实施并运行的装置来看，应用最为广泛的是好氧生物处理，常采用的方法有活性污泥法及其改进形式和生物接触氧化法。厌氧生物处理除有传统消化池应用生产外，一些新工艺如UASB等正在逐渐被用于糖化、发酵工序的高浓度废水生产性实验研究，出水与低浓度制麦、包装废水混合后作进一步好氧处理。

UASB+生物接触氧化工艺处理啤酒废水：此处理工艺中主要处理设备是上流式厌氧污泥床和好氧接触氧化池。由于增加了厌氧处理单元，该工艺的处理效果非常好。上流式厌氧污泥床能耗低、运行稳定、出水水质好，有效地降低了好氧生化单元的处理负荷和运行能耗（因为好氧处理单元的能耗直接和处理负荷成正比）。好氧处理（包括好氧生物接触氧化池和斜板沉淀池）对废水中SS和COD均有较高的去除率，这是因为废水经过厌氧处理后仍含有许多易生物降解的有机物。整个工艺对COD的去除率达96.6%，对悬浮物的去除率达97.3%~98%，该工艺非常适合在啤酒废水处理中推广应用。

本方案中的啤酒废水以有机悬浮物为主，通过 UASB+生物接触氧化法可以得到很好的去除效果。工艺流程如图 6-2 所示。

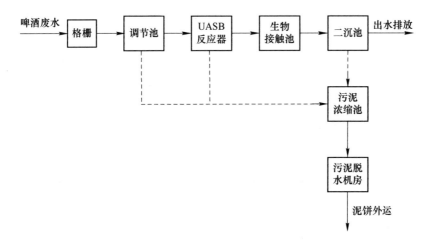

图 6-2 工艺流程图

6.2.5 设计计算

6.2.5.1 调节池格栅

调节池格栅参数见表 6-8。

表 6-8 调节池格栅参数

格栅宽度/mm	栅条间距/mm	整机功率/kW	栅条截面尺寸/mm×mm	格栅倾角/(°)
1000	10~50	0.75~3	10×50	60~75

选择 GH-1000 型旋转式格栅除污机一台。

6.2.5.2 调节池

设置均量调节池，通过混合和曝气，防止可沉降的固体物质沉降下来和出现厌氧情况。

进水流量 $Q = 0.11\mathrm{m}^3/\mathrm{s} = 394.2\mathrm{m}^3/\mathrm{h} = 9458\mathrm{m}^3/\mathrm{d}$。

调节池有效容积按下式确定：

$$V = (1 + K) \times Q_\mathrm{T} = (1 + 15\%) \times 394.2 \times 3 = 1360\mathrm{m}^3$$

6.2.5.3 污水提升泵房

根据污水流量，泵房设计为 $L \times B = 10m \times 8m$。

提升泵选型为 300QW800-12 型潜水排污泵；转速为 980r/min；流量 Q 为 875m³/h；提升高度为 6m；功率为 45kW。购买 2 台，1 台工作，1 台备用。

6.2.5.4 UASB 反应器

设计流量 $Q_{max1} = 394.2m^3/h = 9458m^3/d = 0.11m^3/s$，去除率为 85%。

UASB 反应器在不同温度下的设计容积负荷率如表 6-9 所示。

表 6-9 UASB 在不同温度下的设计容积负荷率

温度/℃	50~55（高温）	30~35（中温）	20~25（常温）	10~15（低温）
溶解负荷率/kgCOD·(m³·d)⁻¹	20~30	10~20	5~10	2~5

本设计选择常温时的容积负荷率 $N_v = 10kgCOD/(m^3 \cdot d)$。

污泥产率为 0.07kgMLSS/kgCOD，产气率为 0.3m³/kgCOD。

UASB 反应器 2 台，UASB 的有效容积为：

$$V_{有效} = Q_{max}S_0/N_v = 9458 \times 0.5 \times 85\%/10 = 400m^3$$

6.2.5.5 生物接触氧化池

设计参数：

进水 BOD 浓度 $L_a = 200mg/L$；

出水 BOD 浓度 $L_e = 20mg/L$；

取一级生物接触氧化池的 COD 容积负荷 M 为 1.3kgBOD/(m³·d)。

（1）生物接触氧化池填料容积为：

$$W = Q(L_a - L_e)/M = 9458 \times (200 - 20)/1.3 \times 1000 = 1310m^3$$

（2）设 2 座接触氧化池，分 8 格，每格接触氧化池面积为：

$$F = A/2 \times 8 = 440/2 \times 8 = 27.5m^2，取 27.5m^2$$

每格池的尺寸为 $L \times B = 7m \times 4.5m$。

每格接触氧化池在其端部与邻接触氧化池的隔墙上设 1m×1m 的溢流孔洞。

（3）生物接触氧化池选用组合纤维填料，其主要技术参数见表 6-10。

表6-10　组合纤维填料主要技术参数

型　号	塑料环片直径/mm	填料直径/mm	单片间距离/mm	理论比表面积/m²·m⁻³
ZV-150-80	75	150	80	2000

（4）曝气量：取气水比为15m³，所需空气量为：

$$D = 15 \times Q = 15 \times 396 = 5940 \text{m}^3/\text{h}$$

（5）污泥量的计算：

$$W = \frac{Q_{max}(C_0 - C_1)}{1000(1 - P_0)} = 71.3 \text{m}^3/\text{d}$$

6.2.6　污水处理高程布置

6.2.6.1　高程布置原则

（1）保证污水在各构筑物之间顺利自流。

（2）认真计算管道沿程损失、局部损失，各处理构筑物、计量设备及联络管渠的水头损失；考虑最大时流量、雨天流量和事故时流量的增加，并留有一定的余地。

（3）考虑远期发展，水量增加的预留水头。

（4）选择一条距离最长、水头损失最大的流程进行水力计算。

（5）计算水头损失时，一般应以近期最大流量作为构筑物和管渠的设计流量；计算涉及远期流量的管渠和设备时，应以远期最大流量为设计流量，并酌加扩建时的备用水头。

（6）设置终点泵站的污水厂，水力计算常以接受处理后污水水体的最高水位作为起点，逆污水处理流程向上倒推计算，以防处理后的污水不能自由流出。

（7）在作高程布置时，还应该注意污水流程与污泥流程的配合，尽量减少需要提升的污泥量。

（8）协调好高程布置与平面布置的关系，做到既减少占地，又利于污水、污泥输送，并有利于减少工程投资和运行成本。

6.2.6.2　水头损失计算

水头损失计算见表6-11。

表 6-11   水头损失计算

构 筑 物	水头损失/m	构 筑 物	水头损失/m
格栅	0.1	UASB 反应器	0.3
格栅-调节池	0.1	UASB 反应器-生物接触氧化沟	0.1
调节池	0.2	生物接触氧化沟	0.3
调节池-泵站	0.05	生物接触氧化沟-二沉池	0.2
泵站	0.05	二沉池	0.1
泵站-UASB 反应器	0.05	集水井	0.1

6.2.7   结论

本工程建设的目的是减少啤酒废水中的高浓度有机物，保护好水环境。工程投入运行后，可大大降低废水中的 COD、BOD、SS，以致出水符合要求。出水的水质达到《污水综合排放标准》（GB 8978—1996）的一级标准。本工程为环境保护项，以降解废水中 COD、BOD、SS 为主要目的，有较高的环境效益和社会效益。

实例 3   X 村镇污水处理厂设计（氧化沟）

6.3.1   设计要求及原始数据（资料）

本工程为重庆某县污水处理工程，要求处理达到《城镇污水处理厂污水排放标准》一级 A 排放标准。

（1）污水水质指标见表 6-12。

表 6-12   污水水质指标

污染物	COD	BOD	NH₃-N	TP	pH 值
浓度/mg·L⁻¹	500	200	30	30	8.7~9

（2）水量计算：

$Q_{生活污水} = 110000 \times 0.14 \times 0.8 = 12320 \text{m}^3/\text{d}$

$Q_{工业废水} = 10000\text{m}^3/\text{d}$

$Q_{总} = 12320 + 10000 = 22320\text{m}^3/\text{d} = 0.2583\text{m}^3/\text{s}$

$Q_{max} = 110000 × 0.2 × 0.8 + 10000 = 27600\text{m}^3/\text{d} = 0.3194\text{m}^3/\text{s}$

6.3.2　设计要求

（1）满足占地要求，采用合理结构设计。

（2）与厂区总体规划相衔接，并与周边环境相协调。

（3）满足工艺要求并按照不同功能分区布置，用绿化带隔开。

（4）废水站功能明确，构筑物布置紧凑，力求经济合理利用土地，减少占地面积。

（5）处理构筑物之间间距的确定，考虑各管道施工维修方便。

（6）按照建成范围或废水站要求进行绿化布置，并采取绿化措施进行隔离。在废水站内各个构筑物、建筑物的周围及废水站周围进行绿化，既美化了环境，又对整个废水站的建筑起到了烘托作用。

（7）尽量使废水处理站布局紧凑，以节省用地。拟采用三沟式氧化沟工艺处理。

6.3.3　工艺原理

氧化沟（oxidation ditch）又名连续循环曝气池（continunus loop reactor），是活性污泥法的一种变型。氧化沟既具有推流反应的特征，又具有完全混合反应的优势，前者使其具有出水优良的条件，后者使其具有抗冲击负荷的能力。氧化沟的水力停留时间长，有机负荷低，其本质上属于延时曝气系统。

6.3.4　设计方案的确定

T 型氧化沟为三沟交替工作式氧化沟系统。在三沟中，有一沟一直作为曝气区使用，因而提高了转刷的利用率（达 59% 左右）。T 型氧化沟较 VR 和 D 型氧化沟运转更加灵活。通过合理运行高度，可以有效地实现脱氮功能。

T 型氧化沟流程简单、构思巧妙，既有一般氧化沟工艺的处理效果好、耐冲击力强、处理设施少等优点，又具有 SBR 工艺的非稳态、适应性强的特性。

因此，本设计选择 T 型氧化沟即三沟交替工作式氧化沟作为主体工艺。工艺流程如图 6-3 所示。

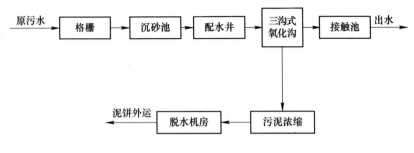

图 6-3 三沟式氧化沟工艺流程图

6.3.5 处理单元的设计计算

6.3.5.1 格栅的设计

栅条断面形状选用迎水面为半圆的矩形，栅前水深 $h=1.0\text{m}$，过栅流速 $v=0.9\text{m/s}$，安装倾角 $\alpha=60°$。粗格栅设计为 4 个格栅，设计采用栅条宽度 $S=0.01\text{m}$，栅条间隙 $b=30.0\text{mm}$，粗格栅两个格栅之间的间隔为 0.1m。中格栅设计 4 个格栅，栅条宽度 $S=0.01\text{m}$，栅条间隙 $b=20\text{mm}$，中格栅两个格栅之间的间隔为 0.1m。

栅渣 $W=1\text{m}^3/\text{d}$，适用机械除渣。

6.3.5.2 沉砂池的设计

长 $L=7.5\text{m}$，总宽度 $B=1.3\text{m}$，设两格。

6.3.5.3 氧化沟的设计

（1）设计基本参数的确定：污泥浓度 $X=4000\text{mg/L}$，$K_d=0.05$，可生物降解的 VSS 占总 VSS 的比例 $f_b=0.63$，$Y=0.6$，$f=0.7$。

（2）氧化沟的设计计算：计算公式见表 6-13。

表 6-13 氧化沟的设计计算公式

项　目	公　式	符　号　说　明
曝气池容积	$V=\dfrac{QS_a}{N_sX}$	Q——污水设计流量，m^3/d； N_s——BOD-污泥负荷，$\text{kgBOD}_5/(\text{kgMLSS}\cdot\text{d})$； X——污泥浓度 MLSS，kg/m^3；
混合液污泥浓度	$X=\dfrac{R}{1+R}X_r$	R——污泥回流比； X_r——回流污泥浓度，mg/L

项　目	公　式	符　号　说　明
水力停留时间	$T = \dfrac{V}{Q}$	T——水力停留时间，h
污泥产量	$\Delta X_v = aQS_r - bVX_v$	ΔX_v——系统每日排除剩余污泥量，kg/d； S_r——去除 BOD 浓度，kg/m³； a——污泥增值系数，0.5~0.7； b——污泥自身氧化率，0.04~0.1； X_v——挥发性固体污泥浓度 MLVSS，kg/m³
泥龄	$\theta_c = \dfrac{X_v V}{\Delta X_v}$	θ_c——泥龄，生物固体停留时间，d
曝气池需氧量	$O_2 = a'QS_r + b'VX_v$	O_2——混合液每日需氧量，kgO₂/d； a'——氧化 BOD 需氧量，kgO₂/kgBOD，一般取 0.42~0.53kgO₂/kgBOD； b'——污泥自身氧化需氧率，kgO₂/(kgMLVSS·d)，一般取 0.188 ~ 0.11kgO₂/(kgMLVSS·d)

1）氧化沟总体积 V：

$V = 1200\text{m}^3$

氧化沟分 3 组，则每组三沟式氧化沟的容积为 $V/3$，即

$V^1 = 400\text{m}^3$

2）剩余污泥量的计算：

$X = 150\text{kg/d}$

3）曝气量的计算：

$Q = 842\text{kg/d}$

6.3.6　环境保护

污水及污泥的最终处理措施：

（1）污水：本污水处理厂采用氧化沟处理工艺后，处理后的出水达到《城镇污水处理厂污水排放标准》一级 A 排放标准，故出水可直接排入水体。

（2）污泥：剩余污泥经浓缩机浓缩、消化池消化、脱水机房脱水后，含水率可降为 75% 以下，可作为农肥使用，也可用于填坑，或者直接送到垃圾站填埋。

实例 4　农田面源污染及村落污水处理工程

6.4.1　项目概况

6.4.1.1　项目名称、承办单位、主管部门及设计单位

项目名称：××××××农田面源污染及村落污水处理工程；

承办单位：××××；

主管部门：×××××；

设计单位：×××××有限公司。

6.4.1.2　项目地点及范围

本项目的建设地点水涨地自然村位于沙龙镇沙龙社区村委会西面，坐落于素有"青海月痕"之称的美丽的青海湖畔。该建设项目是对原有的 13 个池塘（共298.87 亩）进行改造。

6.4.1.3　项目建设目标

通过建设实施农田面源污染及村落污水处理工程，加强青海湖农业湿地保护和综合治理，有效减少农业生活和生产活动对青海湖的破坏和改变，同时通过实施农田面源污染及村落污水处理工程，全面提高青海湖有效保护、科学管理和可持续利用水平，使青海湖保护和合理利用进入良性循环，保持并最大限度地发挥湿地生态系统的多种功能和多重效益，实现农业湿地资源的可持续利用。

6.4.1.4　设计依据

A　文件依据

农业部《关于开展湿地保护工程项目前期工作的通知》（农办计 ［2007］ 46号）；

国家林业局等 8 部委《关于印发〈全国湿地保护工程实施规划〉的通知》（林计发 [2006] 82 号）；

《农村生活污染防治技术政策》（环保部发布，2010 年 2 月 8 日起实施）；

《国家农村小康环保行动计划》（国家环境保护总局，2006 年 10 月）；

《云南省人民政府办公厅关于贯彻环保总局等部门加强农村环境保护工作意见的实施意见》（云政办发 [2008] 83 号）；

《云南省水功能区划》（2004 年）；

《云南省社会主义新农村建设规划纲要》（2006—2010 年）；

现场调研的相关数据资料。

B　法规和条例

《中华人民共和国环境保护法》（2014-04-24）；

《中华人民共和国水法》（2002-10-01）；

《中华人民共和国水污染防治法》（2008-06-01）；

《中华人民共和国固体废物污染环境防治法》（2005-04-01）；

《中华人民共和国水污染防治法实施细则》（2000-03-20）；

《全国生态环境保护纲要》（2000-12-26）；

《中华人民共和国野生植物保护条例》；

《农业野生植物保护管理办法》；

《农业基本建设项目管理办法》（农业部令第 39 号）。

C　采用的标准和规范

《地表水环境质量标准》（GB 3838—2002）；

《污水综合排放标准》（GB 8978—1996）；

《城镇污水处理厂污染物排放标准》（GB 18918—2002）；

《粪便无害化卫生标准》（GB 7959—87）；

《国家级生态村创建标准（施行）》（2006）；

《畜禽养殖业污染物排放标准》（GB 18596—2001）；

《镇（乡）村排水工程技术规程》（CJJ 124—2008）；

《建筑给水排水设计规范》（GB 50015—2003）；

《建筑地基基础设计规范》（GB 50007—2011）；

《建筑结构荷载规范》（GB 50009—2001）；

《建筑结构设计统一标准》（GBJ 68—84）；

《混凝土结构设计规范》（GBJ 10—89）；

《城市污水处理工程项目建设标准》（建标（2001）77 号）；

《给水排水管道工程施工及验收规范》（GB 50268—97）；

《给水排水工程构筑物结构设计规范》（GB 50069—2002）；

《室外排水设计规范》（GB 50014—2006）；

《室外给水设计规范》（GB 50013—2006）；

《低压配电装置及线路设计规范》（GBJ 54—83）；

《镇（乡）村给水工程技术规程》（CJJ 123—2008）；

《镇（乡）村排水工程技术规程》（CJJ 124—2008）；

《村庄整治技术规范》（GB 50445—2008）；

《农村生活污染防治技术政策》（环保部，2010 年 2 月 8 日起实施）。

6.4.1.5 项目区域概况

A 自然环境概况

地理位置：地处东经 $100°25' \sim 101°02'$、北纬 $25°12' \sim 25°52'$，东与大姚、姚安、南华三县交界，南和弥渡县相连，西与大理市接壤，北和宾川县毗邻。面积 $2498km^2$，县政府驻祥城镇。目前下辖：祥城镇、云南驿镇、下庄镇、刘厂镇和禾甸镇；周家乡、沙龙乡、鹿鸣乡、普棚彝族乡、东山彝族乡和米甸彝族乡。水涨地村隶属于祥云县沙龙镇沙龙村委会行政村，属于坝区；位于镇西南边，距离沙龙村委会 1.5km，距离镇 1.5km。国土面积 $0.31km^2$ 海拔 1980m，年平均气温 15℃，年降水量 799.09mm，适宜种植水稻、蚕豆等农作物。有耕地 294 亩，其中人均耕地 0.63 亩。全村辖 1 个村民小组，有农户 129 户，有乡村人口 457 人，其中农业人口 442 人、劳动力 266 人，其中从事第一产业人数 81 人。全村有耕地总面积 294 亩（其中：田 209 亩、地 85 亩），人均耕地 0.63 亩，主要种植水稻、蚕豆等作物；水面面积 111 亩，其中养殖面积 111 亩；其他面积 57.69 亩。

B 气候气象

祥云县境内大部分地区属北亚热带偏北高原季风气候区，有 5 个明显的气候特点：一是四季变化不明显，冬无严寒，夏无酷暑，常年平均气温 14.7℃，1 月平均气温 8.1℃，7 月平均气温 19.7℃；二是冬春恒温，夏秋多雨，干湿季分明；三是年降雨量少，年均降雨量 810.8mm，境内西部、北部、东南部平均年降雨量大于 800mm，东部、南部平均年降雨量小于 700mm；四是年日照时数长，日照时数为 2030.2~2623.9h，居全省第四位；五是海拔悬殊，气候垂直分布明显，水平分布复杂。

6.4.2 工程方案设计原则

（1）河道治理与相关规划、工程等相协调的原则；

（2）在满足河道原有功能的行洪能力情况下注重提高河道自净能力的原则；

（3）优化系统、突出重点的原则；

（4）工程措施与管理措施相结合的原则；

（5）工程方案的可行性、适用性、经济合理性和可操作性的原则；

（6）充分利用现有条件，因地制宜，兼顾长远发展及当前利益，统筹规划，先易后难，有计划、有步骤、分区分期实施的原则。

6.4.3 农田面源污染处理工程

6.4.3.1 工艺流程

（1）水涨地原有莲花池紧挨青海湖，主要有两条沟渠来水，左边的沟渠来水经拦污栅拦污、重力等作用去除悬浮态污染物，之后污水进入沉淀池。来水大多为农田径流，之后来水进入一级表流湿地，经过植物氧化，进入二级表流湿地，再进入植物稳定塘，最后进入右边沟渠流入青海湖。

（2）右边沟渠来水不仅为农田径流同时混有生活污水，右边沟渠的来水从左右两边经拦污栅拦污、重力等作用去除悬浮态污染物，之后污水进入沉淀池。进入左边沉淀池的来水进入一级表流湿地、二级表流湿地，经过植物氧化，进入植物稳定塘，再回流入右边沟渠流入青海湖。进入右边沉淀池的来水进入表流湿地，经过植物氧化，再回流入右边沟渠流入青海湖。

（3）在右边沟渠与左右两沉淀池交叉处设置节制闸，节制闸宽度 2m，节制闸采用水位电子控制，当水位超过一般水位的 0.3m 时节制闸自动开闸，当水位低于一般水位时节制闸自动关闭。开闸后来水直接进入原有沟渠进入青海湖。

面源污染处理工程工艺流程如图 6-4 所示。

6.4.3.2 设计参数

（1）总设计参数见表 6-14。

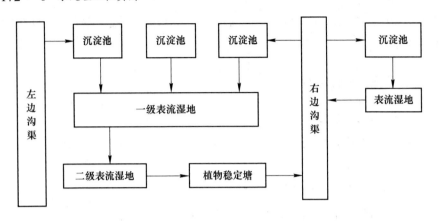

图 6-4 面源污染处理工程工艺流程图

表 6-14 总设计参数

序 号	项 目	设计参数
1	设计进水参数	
1.1	设计规模	0.2 万立方米/日
1.2	工艺面积	199245m² (298.87 亩)
1.3	平均水力负荷	0.1m³/(m²·d)
1.4	工艺停留时间	6.2d
2	拦污栅	
2.1	进水管道宽度	10m
2.2	进水管道深度	1.2m
3	沉淀池	
3.1	工艺面积	45672m² (68.5 亩)
3.2	有效水深	1.5m
4	表流湿地	
4.1	工艺面积	20631m² (230.37 亩)
4.2	有效水深	0.6m
4.3	设计处理能力	0.2 万立方米/日
4.4	设计平均停留时间	6d
4.5	水头损失	10cm

（2）布水堰设计参数见表6-15。沉淀池的水通过布水堰布水进入表流湿地、植物稳定塘再进入右边沟渠。布水堰采用汀步溢流形式，底层结构砖砌，汀步块石。

表 6-15 布水堰设计参数

序 号	项 目	长度/m	宽度/m
1	1 号布水堰	20	14
2	2 号布水堰	20	15
3	3 号布水堰	20	25
4	4 号布水堰	15	10
5	5 号布水堰	15	10
6	6 号布水堰	20	7
7	7 号布水堰	10	10
8	8 号布水堰	15	10
9	9 号布水堰	15	12
10	10 号布水堰	20	10
11	11 号布水堰	20	10

6.4.4 村落污水处理工程

6.4.4.1 工艺流程

村落污水由入户支管、管道汇合进入污水收集池，通过潜污泵（配浮球液位计）处理，进入植物调节池，再流入表流湿地进入右边沟渠。

村落污水处理工程工艺流程如图6-5所示。

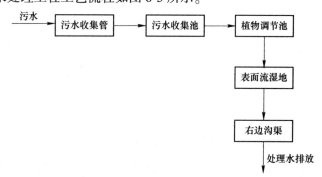

图 6-5 村落污水处理工程工艺流程图

6.4.4.2 设计参数

总设计参数见表6-16。

表6-16 总设计参数

序 号	项 目	设计参数
1	潜污泵（配浮球液位计）	1台
2	布水堰	25m
3	入户支管	186m
4	支管道	1523m

6.4.5 生态景观设计

6.4.5.1 植物选择原则

净化能力强、耐污能力和抗寒能力强，对不同的污染物采用不用的植物种类。水生植物对污水中的 BOD_5、COD、TN、TP 主要是靠附着生长在根区表面及附近的微生物去除的，因此应选择根系比较发达、对污水承受能力强的水生植物。

选择在本地适应性好的植物，最好是本地原有植物。

筛选净化能力强、抗逆性相仿，而生长量较小的植物，减少管理上尤其是对植物体后处理上的许多困难。一般应选用当地或本地区天然湿地中存在的植物。

植物根系发达，生物量大，抗病虫害能力强。所选的植物最好是有广泛用途或经济价值高，易管理，综合利用价值高的。

6.4.5.2 植物类型分析

推荐物种及种植方式，表流湿地以挺水植物为主，主要选择水生经济作物，覆盖率70%，种植密度约50%。绿化植物以草为主，辅以少量行道乔木。

工程区、场地平整后进行植物种植。植物种植主要选用湿生植物。

6.4.5.3 植物种植

A 水生植物分三种类型进行种植

第一种为：水质净化类，主要物种有纸莎草、梭鱼草、黄花鸢尾；主要种植区域为一级表流人工湿地，管理为粗放式管理，冬天剪去枯枝，任其自然越冬。

第二种为：漂浮种植类，主要物种有睡莲、伞草等；主要种植于二级表流人工湿地,管理为适当耕作,人工收取切花后剪去枯枝。

第三种为:沉水种植类,主要物种有海菜花、芡实、眼子菜等;主要种植于植物稳定塘,管理为适当耕作,人工收取蔬菜后清理植物残体。

湿地植物种植时间以春季为宜,植物种植密度可根据植物类型和具体工程要求进行调整。

B　陆生植物种植

乔木类栽植方法有墩栽、合栽等,合栽法可选用二株一高一低合拼栽植。三株以上乔木以不等边三角形为基础,形成自然式疏林。由于湿地内乔木运输要经过车的多次搬运,故要求树木所带泥球牢固、结实,防止松散。同时乔木栽植后,均应支撑加固。在栽种灌木时,应根据远近疏离关系合适地栽种灌木,保证能得到充足的光照;达到高低景色各异的效果。主要种植垂柳、云南樱花、小叶女贞、小叶黄杨、雪茄花以达到景观效果。

在植物调节池内种植睡莲、伞草等;管理为适当耕作,人工收取切花后剪去枯枝。

6.4.6　水质处理目标

虽然人工湿地对污染负荷有一定的去除效果,然而负荷削减量和去除率也会受到进水水质变化以及其他因素变化的影响,因此本项目综合考虑相关因素后,水质处理可以达到表 6-17 所示的期望目标值。

表 6-17　人工湿地污染物去除率　　　　　　　　(%)

湿地类型	BOD$_5$	COD$_{cr}$	SS	NH$_3$-N	TP
表流人工湿地	40~70	50~60	50~60	20~50	35~70

实例 5　20m³/d 生活污水一体化设备处理工程设计方案

6.5.1　概况

一般生活污水由来自住宿部、办公楼、实(化)验室、食堂、浴室、卫生间、试剂室、洗衣房等场所排放的污水组成。该污水是一种低浓度污水,水质与一般生活污水类似,其中除含有有机的和无机的污染物,还含有大量病菌、病毒和寄生虫，成分较为复杂。该废水如未经处理而直接排入水体，会对周围水域及土壤等造成较严重的污染，从而危害人们的日常生活。为了保护环境、提高社会效益、执行国家的环保政策，充分体现技术与经济相结合的原则，建设一套完善的废水处理设施成为当务之急。为此对污水处理站进行设计，经处理后的排放水可达到国家《污水综合排放标准》（GB 8978—1996）一级排放标准。

6.5.2 设计规模与标准

6.5.2.1 设计规模

根据业主方提供的有关资料和要求，该单位每天污水排水量为20m³/d。设计处理时间为20h，处理水量为1m³/h。

6.5.2.2 设计进水水质

鉴于业主方未提供排放原水的水质检测报告，拟定该单位污水原水水质（依据《生活污水处理技术指南》中规定：无实测资料时可参考的数据。）设计污水处理站进水水质，即化粪池出水水质见表6-18。

表 6-18 化粪池出水水质指标

污染物	COD_{Cr}	BOD_5	SS	类大肠杆菌群	pH 值
浓度	≤300mg/L	≤150mg/L	≤100mg/L	≤3×10⁸ 个/L	8~9

6.5.2.3 设计出水水质

根据设计方的要求，处理后的排放水可达到国家《污水综合排放标准》（GB 8978—1996）一级排放标准。设计主要出水指标见表6-19。

表 6-19 出水水质指标

出水指标	COD_{Cr}	BOD_5	SS	余氯	pH 值
浓度	≤60mg/L	≤20mg/L	≤20mg/L	≤0.5mg/L	6~9

6.5.3 设计范围与原则

6.5.3.1 设计范围

污水处理区块范围：从污水进入调节池至标准排放口之间构筑物（包括总平面布置）及配套设计。而污水处理站外的废水进水管与外排出水管不包括在本方案之内。

6.5.3.2　设计原则

（1）采用先进工艺、新型设备，减少投资，节省能耗，降低运行费用；

（2）要求工艺和设备布置合理，结构紧凑，占地面积小；

（3）操作维护管理方便、技术要求简单，宜于长期使用。

6.5.3.3　设计依据

设计方提供的水质水量参数；

《污水综合排放标准》（GB 8978—1996）；

《医疗机构水污染物排放标准》（GB 18466—2005）；

《地表水环境质量标准》（GB 3838—2002）；

《室外排水工程设计规范》（GBJ 14—87）；

《室外给水设计规范》（GB 50013—2006）；

《给排水工程结构设计规范》（GB 69—84）；

《城市区域环境噪声标准》（GBJ 3096—93）；

《水处理工程师手册》和《三废处理工程技术手册》；

其他相关法律法规。

6.5.4　污水处理工艺及说明

6.5.4.1　工艺说明

本工艺中采用水解酸化+两级接触氧化的生化处理工艺，该工艺是澳博公司开发的污水处理工艺，在住宅区、宾馆、疗养院、医院等生活有机污水处理有成功经验，是成熟的水处理工艺，主要是去除污水中的有机物和悬浮物。

整个处理装置为成套钢制设备，具有处理效果好、运行成本低、占地面积小的特点，主体设备保用20年以上，根据业主要求可安装于地上或地下。

采用工艺流程如图6-6所示。

生活污水经化粪池发酵分解后，出水通过格栅拦截去除大粒径悬浮物后进入调节池，进行水质水量的调节，然后通过泵提升到水解酸化池。在水解酸化池内将大分子以及大部分有机物分解，降低部分COD，便于后续好氧生化处理。污水自流进入一级接触氧化池，进行初步生化处理，出水再进入二级接触氧化池进行深度生化处理，在二级接触氧化池中，设置有生物填料，在生物填料上附着有一层生物膜，生物膜对于水中的有机物进行吸附、吸收、降解，从而使废水中的有机物得以充分净化；接触氧化池出水再进入二沉池，经沉淀处理后，污水中的大

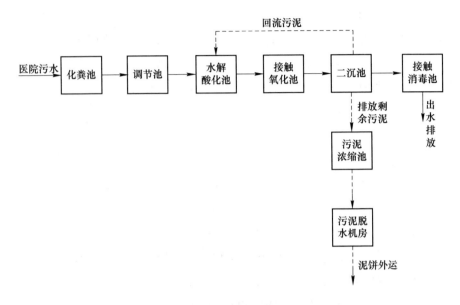

图 6-6 工艺流程图

部分悬浮物和部分有机物给去除下来。二沉池出水进入消毒池，投加消毒液消毒，达标排放。

二沉池污泥气提回流到水解酸化池，剩余污泥进入污泥浓缩池，污泥浓缩池污泥由污泥泵自动控制打入脱水机房进行脱水、干化处理，最后制成泥饼外运。

6.5.4.2 工艺选择

A 有机物去除

污水中有机物（大多数能被微生物所利用部分称为 BOD）的去除是靠微生物的吸附作用和微生物的代谢作用，然后对污泥与水进行分离完成的。生化反应又分为厌氧阶段、兼氧阶段和好氧阶段。

厌氧阶段（化粪池）：废水在通过挂有产气菌（甲烷菌）的填料层时，在产气菌（甲烷菌）的作用下，将水中小分子的物质如有机酸和醇通过新陈代谢作用转变为最基本的化合物 CH 和 HO，从而达到去除 COD 的目的。

水解酸化阶段：废水通过挂上生物菌膜的填料层，大量微生物将进入水中的颗粒物质和胶体物质迅速截留和吸附，截留下来的物质吸附在水解生物菌表面，在大量水解细菌的作用下将不溶性有机物分解为可溶性物质，在产酸菌的协同作用下将大分子物质、难以降解的物质转化为易降解的小分子物质。

好氧设计阶段：本工程中好氧段采用接触氧化法进行净化。活性污泥中的微生物在有氧的条件下将污水中的一部分有机物用于合成新的细胞，将另一部分有机物进行分解代谢以便获得细胞合成所需的能量，其最终产物是 CO_2 和 H_2O 等稳定物质。在这种合成代谢与分解代谢过程中，溶解性有机物（例如低分子有机酸等易降解有机物）直接进入细胞内部被利用。而非溶解性有机物则首先被吸附在微生物表面，然后被酶水解后进入细胞内部被利用。微生物的好氧代谢作用对污水中的溶解性有机物和非溶解性有机物都起作用，并且代谢产物是无害的稳定物质，因此可以进一步降低污水中的残余有机物。

B 斜管沉淀去除好氧池污泥

污水通过好氧池后，污泥（好氧菌种）随池出水较多，必须通过高效率沉淀作用使好氧菌种沉淀下来，采用斜管沉淀工艺，是浅层沉淀理论，强化沉淀的能力，从而污水得以澄清。沉淀下来的污泥（好氧菌种）通过泵回流到厌氧池重复使用。

C 大肠杆菌及病毒的去除

根据《污水综合排放标准》（GB 8978—1996），生活废水必须经消毒处理，采用消毒能力较强的二氧化氯进行消毒处理，二氧化氯能在较短的时间内杀灭废水中的大肠杆菌和病毒。

D 工艺特点

采用二级生化处理工艺，结构简单，处理效率高，占地省，污泥量少。好氧生化池采用接触氧化处理工艺，运行稳定，抗冲击负荷好，增加了处理效果的稳定性。主要采用生化处理工艺，以及一次提升后水自流，动力消耗低，整体设施运行费用低。

6.5.5 详细设计说明

6.5.5.1 格栅

格栅的作用是去除废水中那些在性质上或在颗粒大小上不利于后续处理过程的粗大悬浮物或漂浮物。

格栅采用人工格栅，缝隙宽度为 10mm。

6.5.5.2 调节池

容积：30m³。

功能：接纳化粪池出水，调节水质水量，为后续处理提供均匀水量。

配置：水泵 2 台，每台 0.75kW，一用一备。

6.5.5.3 LGSH-1 一体化污水处理设备

功能：通过生化处理分解生活废水中的有机污染物，同时进行消毒处理。

设备总尺寸：4m×2m×2.5m。

内部各设施参数功能如下：

（1）水解酸化池：

水力停留时间：8h。

功能：将废水中的有机污染物通过水解酸化菌的作用水解为小分子的有机酸和醇等物质。

配置：组合填料 $3m^3$，填料支架1套。

（2）接触氧化池：

容积负荷：$q=1.0kgBOD_5/(m^3 \cdot d)$。

功能：在曝气的作用下，装置中的好氧菌将废水中的小分子有机污染物分解为二氧化碳和水，降低废水中的 COD。

配置：弹性填料 $3m^3$，填料支架1套；鼓风机1台，HC-25S，0.37kW；曝气系统1套。

（3）二沉池：

水力负荷：$1.5m^3/(m^2 \cdot h)$。

沉淀时间：1.5~2h。

功能：利用高效斜管沉淀二级接触氧化池出水中的菌胶体和悬浮物，使出水清澈。

配置：高效斜管填料 $4m^3$，填料支架1套。

（4）消毒池：

停留时间：$t=30min$。

功能：向该池投加二氧化氯杀灭医院污水中的细菌和病毒等微生物。

配置：二氧化氯加药机1套。

6.5.5.4 设备间

功能：内放置鼓风机、消毒设备、脱氯设备等。

房屋尺寸：2m×3m×2.5m（可以根据现场情况调整）。

6.5.6 总体工程设计说明

6.5.6.1 总平面布置原则

结合工程场地的地形、地貌，力求使工艺设备布置集中，并使污水污泥流程流向短，节约用地，同时考虑清污分流。

6.5.6.2　竖向布置

竖向布置尽量利用场地的地形高差使污水靠重力自流，减少水力提升设备，降低运行能耗。道路保持原地形的坡降，场地雨水径流排入道路，沿坡降汇流至排水沟进行排放。

6.5.6.3　供配电设计

A　设计范围

对污水处理站用电设备的电气负荷、低压配电系统、动力电缆和照明电线、用电设备的控制方式进行初步设计，并作出投资估算。

B　现有供电系统概况及设计

本污水站为三级负荷，通过现场调查和对各类用电负荷计算分析，拟在室外设明装配电箱，电力电源 380V/220V，照明电源 220V。

6.5.6.4　给水、排水与消防

给水利用厂区内自来水，用 DN25 管引入，主要用于泵的引水、化药剂及清洗场地等；排水排入本工程的调节池内，雨水直接或沿道路排入河沟。消防根据 GBJ 16—87《建筑设计防火规范》规定，可适当配置泡沫灭火器。

6.5.7　总投资估算

总投资估算见表 6-20。

表 6-20　总投资估算

序号	名　称	规　格	数量	金额/万元	备　注
一	土建				
1	化粪池	有效容积 20m³		业主修建	
2	设备基础	4.0m×2.5m（深 2.7m）	1 座	业主修建	20cm 厚素混凝土
二	设备			7.8	
1	成套污水处理设备	4m×2m×2.5m	1 套		钢制防腐，含内部构件
2	风机	0.37kW	1 台		江苏
3	二氧化氯消毒剂设备	50g/h	1 套		四川绿光
4	斜管沉泥系统		1 套		四川绿光

序号	名 称	规 格	数量	金额/万元	备 注
5	污水提升泵	0.75kW	2 台		四川绿光
6	污泥泵	0.75kW	1 台		四川绿光
7	控制系统		1 批		四川绿光
8	管道、阀门等		1 批		四川绿光
9	手自动转换系统		1 套		四川绿光
10	气提回水系统		1 套		四川绿光
11	气提回泥系统		1 套		四川绿光
12	运输安装调试费				
13	售后服务				
工程总造价				7.8	

实例6 100m³/d 农村污水人工湿地处理方案

6.6.1 设计依据及基础资料

《中华人民共和国环境保护法》;

《中华人民共和国水污染防治法》;

《污水综合排放标准》(GB 8978—1996);

《城镇污水处理厂污染物排放标准》(GB 18918—2002);

《人工湿地污水处理工程技术规范》(HJ 2005—2010);

《室外排水设计规范》(GB 50014—2006);

《砌体结构设计规范》(GB 50003—2001);

《混凝土结构设计规范》(GB 50010—2002);

《建筑地基基础设计规范》(GB 50007—2002);

《给水排水工程构筑物设计规范》(GB 50069—2002);

《供配电系统设计规范》(GB 50052—95);

《低压配电设计规范》(GB 50054—95);

《三废处理工程技术手册》——污水卷；

《水处理工程师手册》。

6.6.2 设计原则

（1）对污水中污染物进行分析比较，结合要求达到的处理后排放水水质标准，提出技术先进、工艺可靠、经济合理的工艺方案。

（2）污水处理工艺力求做到节能、低耗，且技术先进、操作简便，占地面积少，施工方便，投资省。

（3）以环保法规和有关规范、标准为依据，确保污水处理后达标排放。

6.6.3 污染物分析及处理工艺

6.6.3.1 设计进出水水质

（1）设计原水、排水水质指标见表 6-21 和表 6-22。

表 6-21 原水水质指标　　　　　　　　　　（mg/L）

名　称	COD_{Cr}	BOD_5	$NH_3\text{-}N$	SS
设计原水水质	≤300	≤150	≤25	≤100

表 6-22 排水水质指标　　　　　　　　　　（mg/L）

名　称	COD_{Cr}	BOD_5	$NH_3\text{-}N$	SS
设计排水水质	≤50	≤10	≤5	≤10
GB 8978—1996 表 4 一级	≤100	≤20	≤70	≤50
GB 18918—2002 表 1 一级 A	≤50	≤10	≤5（8）	≤10

（2）设计水量：本项目日设计处理量为 100m³/d，预处理系统小时处理量为 5.0m³/h，人工湿地小时处理量为 4.2m³/h。

6.6.3.2 排水污染物分析

本处理项目主要处理农村生活污水，水中污染物主要是有机物及 N、P 等。进水 BOD/COD＝0.5＞0.35，污水容易生化处理，且出水需达到一级 A 排放标准，宜选用生化二级污水处理工艺。

6.6.3.3　处理工艺提出

几种常用污水二级处理工艺比较见表 6-23。

表 6-23　处理工艺对比表

项　目	氧化沟法	接触氧化法	人工湿地法
基建投资	大×	较小	较小◎
运行费用	高△	较低	低◎
抗负荷变化能力	抗水质、水质变化能力强	抗水质、水质变化能力强	强◎
环境影响	噪声小，有臭味△	无噪声，无异味	无噪声，无异味◎
污泥膨胀情况	有污泥膨胀，调整简单△	无污泥膨胀	无污泥膨胀◎
污泥回流	100%，动力大×	不需要◎	不需要◎
能耗	较大△	小	小◎
占地面积	大×	小◎	较大△
操作管理	简单	简单	简单◎
BOD 去除率	90%以上	93%以上◎	90%以上◎
气温、水温影响	较小	小◎	较大△
综合评价		◎	◎

注：×为差；△为一般；○为良好；◎为优良。

由表 6-23 可以看出，采用人工湿地工艺具有投资少、能耗低、运行费用低、抗冲击负荷能力强、出水水质稳定等优点。结合我们的实际工程经验，本污水处理工艺选用人工湿地工艺。

A　人工湿地对污染物的去除

(1) 人工湿地对有机污染物的去除。人工湿地对废水的处理有十分复杂的净化机理，人工湿地运行稳定后，填料表面吸附了许多微生物形成的大量生物膜，植物根系分布于湿地表面，于自然生态系统中通过物理、化学及生物反应三重协同作用净化污水。本工程中的人工湿地采用潜流式人工湿地，优点是不暴露于地面、处理效率高、管理运行简单、地面可以栽花植树、美化环境。

人工湿地主要有表面流式和潜流式，两种方式均能高效地对污水中的氮、磷进行去除，在工程中可根据实际情况来选择。

　　其中人工潜流湿地处理系统是人工筑成的床横槽，床内充填介质支持芦苇类的挺水植物生长。床底设黏土隔水层，并具有一定的坡度。污水从沿床宽度设置布水装置进入，水平流动通过介质，与布满生物膜的介质表面和溶解氧充分的植物根区接触，在这一过程中得到净化。而表面流人工湿地则是可利用现有的野生池塘加以改造，在池塘中种植生态植物，对污水进行净化。

　　（2）人工湿地对SS的去除。污水中可沉降的SS主要依靠湿地系统中物理沉降作用去除。由于湿地中水的流动极其缓慢，水浅，加上植物茎杆的阻挡作用，SS在进水口几米内能有效地去除。实验表明，所有的固体物在系统最初的20%面积处得到去除。胶体状的SS主要依靠微生物的作用、填料渗滤作用去除。

　　（3）人工湿地对有机物的去除。人工湿地对有机物有着较强的降解能力，污水中的不溶有机物通过湿地的沉淀、过滤作用，可以很快地被截留而被微生物利用，而污水中的可溶有机物则可通过植物根系生物膜的吸附、吸收及生物代谢降解过程被分解去除，因此湿地床对有机物的去除作用是物理的截留沉淀和生物的吸收降解共同作用的结果。反应过程中主要氧源来自水面复氧和植物向根区的过量氧传导。湿地系统对BOD的去除可达80%以上。

　　（4）人工湿地对氮的去除。氮是植物生长不可缺少的一种元素，污水中的无机氮通常包括NH_3-N和NO_3-N，它们均可以被湿地中植物吸收，合成植物蛋白质，最终通过植物的收割从湿地中得到去除。另外，人工湿地中的填料也可通过一些物理和化学的途径如吸收、吸附、过滤、离子交换等去除一部分污水中的氮；但是，湿地系统中氮的去除最主要的还是通过湿地中微生物的硝化和反硝化作用。人工湿地中种植的水生物植物的重要功能之一就是将氧气从上部输送至植物根部，从而在植物根区附近形成一个好氧环境，而随着离根系距离的逐渐增大，湿地中依次出现缺氧、厌氧状态。这样的条件有利于硝化菌和反硝化菌的生长，为硝化反应和反硝化反应的进行提供条件。

　　（5）人工湿地对磷的去除。污水中磷的存在形态取决于污水中磷的类型。最常见的有磷酸盐、聚磷酸盐和有机磷酸盐等。人工湿地对磷的去除是通过植物的吸收、微生物的去除作用和填料的吸收过滤等几方面的作用共同完成的。磷和氮一样，都是植物的必需元素，污水中的无机磷在植物的吸收和同化作用下被合成ATP等有机成分，通过收割而从系统中去除。微生物对磷的去除作用包括微生物对磷的正常吸收和过量积累，湿地中某些细菌种类因从污水中吸收超过其生长所需的磷，而微生物细胞的内含物储存过量积累，可通过对湿地床的定期更换而将其从系统中去除。

B 人工湿地处理污水的特点

概括地讲，人工湿地处理污水主要有如下几个优点：

（1）高效。人工湿地系统的显著特点之一就是其对污染物有较强的降解能力，它对污水中的 COD、BOD、SS、N、P 都有很好的去除效果。有研究表明，对某些进水浓度较高的废水，人工湿地对 BOD_5 与 COD 的去除率仍可分别达到90%左右。人工湿地对氮和磷的去除率可分别达到60%和90%以上，而城市二级污水处理厂对氮和磷的去除效率仅有20%~40%。且人工湿地对负荷的变化有着极强的适应力，当污染物的有机负荷和水力负荷在一定范围内波动时，人工湿地都有很好的适应性。

（2）经济。尽管不同的人工湿地系统因地而异，差异较大，但总体来看，湿地系统的基建和运行费用一般仅为传统二级处理厂的1/10~1/2。对我国已建成或正在兴建的人工湿地系统进行分析可以看出，人工湿地的投资远低于常规二级污水处理设施。且由于人工湿地基本上无机电设备，故其能耗极低，维护方便，不需专业的技术人才管理整个系统的运转，因此节约了大批运行费用和人工费用。

（3）美观。人工湿地作为一种"自然"的处理技术，在其具有显著的生态环境效益的同时，也有着较强的观赏性，它可以与大都市风景园林建设相结合，建设集观赏、娱乐和污水处理厂于一体的旅游景点，而且对充分利用和节约淡水资源有着更深层次的意义。目前国内已有这方面的成功应用。

自然条件下的生物处理法不但费用低廉、运用管理简便，而且对难生化降解有机物、氮磷营养物和细菌的去除率略高于常规二级处理，达到部分三级处理的效果，而其基建费用和处理成本只分别为二级处理厂的1/5~1/3 和1/20~1/10。此外，在一定条件下，自然处理法还可获得除害兴利、一举两得的效果。所以，近十多年来，这类古老的废水处理技术又恢复了生机，并在国内外得到迅速发展。

综上所述，本项目处理工艺采用格栅+水解酸化+跌水充氧+人工湿地组合处理工艺。

6.6.4 处理工艺

6.6.4.1 污水处理工艺流程

污水处理工艺流程如图6-7所示。

图6-7　污水处理工艺流程图

6.6.4.2　污水处理工艺流程说明

农村生活污水经格栅井去除大块状物质后汇集于水解酸化池，在水解酸化池投入水解污泥，在厌氧条件下，将来水中的大分子有机物水解成小分子有机物，有利于后续人工湿地对有机物的处理。

水解酸化池出水至跌水池，跌水池设置天然进出水高差，增加气、水接触面，对来水增氧。

跌水池出水至人工湿地处理池，来水通过配水渠分配至人工湿地处理池。污水经人工湿地处理，达标排放。

6.6.4.3　污水各处理单元功能描述

（1）格栅井：用于去除原污水中悬浮物及大颗粒杂物，保护后续水泵的运行稳定。

（2）水解酸化池：水解酸化是一种生物氧化方式，水中有机物为复杂结构时，水解酸化菌利用H_2O电离的H^+和—OH将有机物分子中的C—C打开，一端加入H^+，一端加入—OH，可以将长链水解为短链、支链成直链、环状结构成直链或支链，提高污水的可生化性。水中SS高时，水解菌通过胞外黏膜将其捕捉，用外酶水解成分子断片再进入胞内代谢，不完全的代谢可以使SS成为溶解性有机物，出水变清澈。

（3）跌水池：利用人为的或天然的水流通道，在进出水出现一定高度差时形水跌水，使空气中的氧较快地溶于水中。

（4）人工湿地：利用植物根系分布于湿地表面，于自然生态系统中，通过物理、化学及生物三重协同作用净化污水。

6.6.5　工程设计

6.6.5.1　格栅池

（1）污水渣量不大，采用人工格栅除渣，栅渣收集后妥善处置。

（2）功能：拦截污水中大的漂浮物和大颗粒的悬浮物。

（3）设计参数：格栅宽度 0.5m，栅条间隙 5mm。

（4）结构和数量：新建 1 座，采用砖混结构建造。

（5）尺寸：$L \times B \times H = 2m \times 0.8m \times 2m$。

（6）主要设备：人工格栅 1 台。

6.6.5.2　水解酸化池

（1）功能：拦截污水中的悬浮物，水解大分子有机物。

（2）结构和数量：新建 1 座，采用砖混结构建造。

（3）尺寸：$L \times B \times H = 4m \times 6m \times 2.5m$。

（4）主要设备：水解酸化池填料 36m³。

6.6.5.3　跌水池

（1）功能：为污水补充溶解氧。

（2）结构和数量：新建 1 座，采用砖混结构建造。

（3）尺寸：$L \times B \times H = 4m \times 1m \times 1m$。

6.6.5.4　潜流式人工湿地

（1）功能：去除污水中的有机物及 N、P。

（2）设计参数：面积 740m²/座。长宽比 3∶1；深度 1.6m；坡度 0.5% ~ 2%；BOD 负荷 100kg/(hm²·d)；水力负荷 0.25m³/(m²·d)。

（3）结构和数量：新建 3 座，采用砖混结构建造。

（4）尺寸：$L \times B \times H = 15m \times 45m \times 1.6m$。

（5）主要设备：填料、管材若干，水池作防渗处理；湿地植物为芦苇、风车草、茭白、浮萍、睡莲、金鱼藻等。

6.6.5.5　出水池

（1）功能：暂时贮存系统出水。

（2）设计参数：可根据实际情况稍微增加人工修饰。

（3）面积：1m²，可根据实际情况调整；平均深度：1m，根据实际情况调整。

（4）结构和数量：1 座，采用砖混结构建造。

（5）尺寸：$L \times B \times H = 1m \times 1m \times 1m$，可根据现场情况调整。

6.6.5.6　控制系统

本处理系统无任何的提升及供氧设备，完全利用地形，污水自动流入流出本系统，充氧采用无能耗跌水充氧；因此本项目运行期间，无任何的动力设备，无需耗电，也无需人为控制其运行，建成后可实现无人看守。

6.6.6　主要构筑物及设备汇总

主要构筑物及设备汇总见表6-24。

表6-24　主要构筑物及设备汇总表

序号	名　称	规格参数	数量	材质
1	格栅池	2m×0.8m×2.5m	1座	砖砌
2	水解酸化池	4m×6m×2.5m	1座	砖砌
3	跌水池	4m×1m×1m	1座	砖砌
4	潜流式人工湿地	15m×45m×1.6m	3座	砖砌
5	出水池	1m×1m×1m	1座	砖砌内贴瓷砖
6	人工湿地进出水渠	$B=300$mm	225m	砖砌
7	人工格栅	$B=780$mm，$H=2500$mm，间隙5mm	1台	不锈钢
8	水解酸化池填料	$\phi200$	36m³	PP
9	人工湿地底部配水管	DN80	1350m	PE
10	人工湿地底层碎石	粒径8~10mm	607.5m³	—
11	人工湿地中间层砾石	粒径5~8mm	1012.5m³	—
12	人工湿地土壤层石英砂	粒径2~6mm	810m³	—
13	挺水植物	芦苇、风车草、茭白等	44400株	—
14	浮沉植物	浮萍、睡莲、金鱼藻等	11100株	—

6.6.7　污水处理装置环保、安全设计

6.6.7.1　污水处理厂环境保护设计

A　污水处理装置污染源分析

污水处理装置主要污染源为固体废弃物污染、噪声源和恶臭等。

（1）固体废弃物污染：污水处理装置的固体废弃物主要来自污水处理过程中产生的栅渣。

（2）噪声污染：该污水处理装置为无动力运行，无设备，不会产生噪声。

（3）臭味污染：污水处理装置产生臭味的构筑物主要为格栅。

B   防治污染源污染的措施

为了减少对周围环境的影响，本工程拟采取以下措施：

（1）防止固体废弃物污染的措施：污水处理装置规模较小，栅渣量极少，采用容器收集后定期外运处置。

（2）防止噪声污染的措施：本污水处理站采用无动力运行，基本无噪声。

（3）防止臭味污染的措施：就本处理装置而言，格栅池和水解酸化池均封闭，无臭味逸出，经过人工湿地处理后的出水水质清澈透明，无味道，而且周围可采用绿化隔离带，进一步美化工作环境。

6.6.7.2   污水处理厂安全设计

A   污水处理厂的主要危害因素

本项目的危害因素主要包括暑热、雷击、暴雨、触电事故等。

B   安全卫生防范措施

（1）防雷：本装置无建筑物，不存在雷击隐患。

（2）防暑：本装置基本无需专人看管，天气炎热时，兼职人员可不到现场。

（3）合理利用风向：设计中将建筑物避开主导风向布置，减少不利影响。

（4）防火防爆：无设备、无动力，不存在火灾或爆炸等安全隐患。

实例 7   农村 100m³/d 污水土地处理方案

6.7.1   工程概述

该项目是一村庄生活污水处理。该村庄有 270 户，经计算，日产生废水约 100t。污水处理后直接排入河支流。出水需达到《国家污水综合排放标准》（GB 8978—2002）二级标准。

公司根据项目特点，依据国家设计规范和同类工程调研及工程实践经验，本着处理达标、经济环保的原则，完成该方案设计。

6.7.2   工程设计基本要求

（1）进水水量：根据该村庄人口数量及该地人均生活水平计算，平均每天污水产生量为 100m³，设计污水处理量为 5m³/h。

（2）进水水质：设计污水处理系统进水水质数据见表 6-25。

表 6-25　设计进水水质数据

序　号	项　目	数　值
1	pH 值	7
2	COD_{Cr} 排放浓度/mg·L^{-1}	≤373
3	BOD_5 排放浓度/mg·L^{-1}	≤200
4	SS 排放浓度/mg·L^{-1}	≤1
5	氨氮排放浓度/mg·L^{-1}	≤83
6	总油排放浓度/mg·L^{-1}	≤1

（3）出水水质：根据公司要求，设计排水执行《农村灌溉水质标准》（GB 5084—2005）。具体指标见表 6-26。

表 6-26　设计出水水质数据

序　号	项　目	数　值
1	COD_{Cr} 排放浓度/mg·L^{-1}	≤200
2	pH 值	6~9
3	BOD_5 排放浓度/mg·L^{-1}	≤100
4	SS 排放浓度/mg·L^{-1}	≤100
5	总油排放浓度/mg·L^{-1}	≤5
6	氨氮排放浓度/mg·L^{-1}	≤25

6.7.3　设计依据

（1）《中华人民共和国环境保护法》；

（2）《中华人民共和国水污染防治法》；

（3）《农村灌溉水质标准》（GB 5084—2005）；

（4）《给水排水工程构筑结构设计规范》（GB 50069—2002）；

（5）《建筑给水排水设计规范》（GB 50015—2003）；

(6)《给水排水设计手册》和《环境工程设计手册》（水污染防治卷）。

6.7.4 设计原则

（1）严格执行环境保护有关法律法规，按规定的排放标准排放，即使处理后的污水各项指标达到或优于排放标准。

（2）结合厂方实际情况，采用先进、经济、合理、成熟、可靠的处理工艺并依据甲方要求进行设计。

（3）工艺设计与设备选型能够在生产运行过程中具有较大的灵活性和调节余地，能适应水质、水量的变化，确保出水水质稳定，达标排放。

（4）工艺运行过程中，便于操作管理及维修，节能、动力消耗和运行费用低。

6.7.5 设计范围

（1）从污水处理调节池开始到处理设备的排放口为止。甲方需将污水引至制定位置。

（2）污水工程的工艺流程、工艺设备选型、工艺设备的结构布置、电气控制说明等设计工作。

（3）污水处理工程土建，设备的施工、安装、调试等工作。

（4）污水工程的动力配线，由甲方将主电引至污水工程的配电控制箱，配电分配箱至各电器使用点将由我公司负责。

6.7.6 工艺流程选择及确定

6.7.6.1 污水特性分析

污水是典型的生活污水，其特点可概括如下：

（1）污水来水不均匀程度较高，水质、水量变化较大。

（2）污水 pH 值呈现中性。

（3）污水中悬浮性有机物较多。

（4）污水 BOD 较高，BOD/COD≥ 0.5，可生化性较高。

（5）污水氨氮含量较高。

6.7.6.2 项目特点

从 2007 年建设部门开始进行农村生活污水的治理开始，一直到现在建设了很多污水处理站，但到现在能运行的微乎其微，其原因是：

（1）建设的污水处理站动力配置大，单位处理成本高，村委会无法承担。

（2）污水处理站的设备需要维护和维修，村委会因缺少运转资金，致使污水处理站无法运行。

（3）排放要求高，致使农村生活污水处理工艺复杂，设备增多。

为此提出以下建议：

（1）农村污水处理出水，应以就地利用消纳为主，达到排放标准后可用于农灌、绿化及其他用途。

（2）农村污水处理设施设计应以无动力或微动力为主，减少动力配置，保障其运行。因此该村污水处理站的排放标准应执行《农村灌溉水质标准》（GB 5084—2005）。

6.7.6.3　污水处理站处理工艺技术选取方案

参考国家环保部《村镇生活污染防治最佳可行技术指南（试行）》中污水处理最佳可行技术，结合玉皇庙村实际情况，拟定"调节池+水解酸化池+接触氧化地+沉淀池+生态强化处理场"作为污水处理工艺技术方案。"调节池+水解酸化池+接触氧化地+沉淀池+生态强化处理场"构成了一个污水生态强化处理系统。工艺流程如图6-8所示。

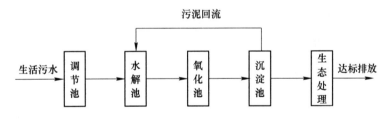

图6-8　工艺流程图

该工艺方案的优点是：基建投资省、运转费用低、操作管理简便。

工艺介绍：生活污水强化处理系统是一种污水分散处理方式的生态工程技术，属于地下渗透系统的范畴，工艺充分利用土壤强大的截滤吸附等物理化学特性，以及土壤中微生物的生化降解作用，将有机污染物质分解转移掉，使污水得以净化。该方法通过氨氮穿透等理论的引入和系统导排气系统的改进，能够对好氧滤层中氧的浓度进行有效控制，是传统地下渗透系统的一种强化优化方案。

净化机理：在经过A/O等预处理后的污水进入生态处理场后，通过布水系统均衡投配到物质土壤中，依靠毛管浸润和虹吸作用，以土水势和重力势为动力，上升发散到上方土层中。而后在重力势作用下向下穿透生物滤层汇入集水系统，处理后的水通过集水系统化排出生态处理场。投加到土壤中的高浓度驯化菌种在适合的环境条件下激发，数量以指数式增长，在一定的溶解氧条件下，数量庞大的优势微生物维持生命活动需要消耗掉大量的有机物质，从而污水得以净化。

6.7.7 设计参数

6.7.7.1 格栅池

(1) 污水渣量不大，采用人工格栅除渣，栅渣收集后妥善处置。

(2) 功能：拦截污水中大的漂浮物和大颗粒的悬浮物。

(3) 设计参数：格栅宽度 0.5m，栅条间隙 5mm。

(4) 结构和数量：新建 1 座，采用砖混结构建造。

(5) 尺寸：$L \times B \times H = 2m \times 0.8m \times 2m$。

(6) 主要设备：人工格栅 1 台。

6.7.7.2 调节池

(1) 功能：调节水量、水质，水解大分子有机物。

(2) 结构和数量：新建 1 座，采用砖混结构建造。

(3) 尺寸：$L \times B \times H = 4m \times 3m \times 3m$。

(4) 主要设备：纤维填料 $36m^3$。

6.7.7.3 水解酸化池

(1) 功能：水解大分子有机物。

(2) 结构和数量：新建 1 座，采用砖混结构建造。

(3) 尺寸：$L \times B \times H = 4m \times 2.5m \times 4.5m$。

6.7.7.4 接触氧化池

(1) 功能：去除污水中的有机物及 BOD、N、P。

(2) 设计参数：BOD 负荷 $1.8kgBOD/(m^3 \cdot h)$。

(3) 结构和数量：新建 1 座，采用砖混结构建造。

(4) 尺寸：$L \times B \times H = 2.5m \times 2.5m \times 4.5m$。

(5) 主要设备：纤维填料 $70m^3$，曝气系统 1 套。

6.7.7.5　沉淀池

（1）水力负荷：$0.8m^3/(m^2 \cdot h)$。

（2）结构和数量：新建1座，采用砖混结构建造。

（3）尺寸：$L \times B \times H = 2.5m \times 2.5m \times 4.5m$。

6.7.7.6　曝气系统

（1）设计参数：气水比20。

（2）曝气量：1500L/min。

实例8　生化池与毛细管生态滤池联用处理农村生活污水工程

6.8.1　概述

目前农村地区经济水平较差，缺乏污水处理相关的运营维护人员，在以往的工艺选择上，要求处理工艺简单、稳定，尽可能减少机械设备，不需要加药处理。近几年国内应用于农村分散式生活污水处理的主要技术及设施主要有人工湿地处理系统、快速渗滤处理系统、多级AO系统、净化槽、地埋式生化处理装置等。此类技术工艺在考虑污染物去除效果的前提下，兼顾装置成本、运行管理等。上述工艺的技术核心为生化处理和生态处理相结合。分散式农村生活污水处理设施经过6~10年的运行，现状存在众多问题，且出水水质总体在《城镇污水处理厂排放标准》（GB 18918—2002）二~三级之间。部分设施的污染物去除效率仅为设计标准的30%~40%，设施出水水质中COD、SS等指标超标严重，夏季用水量较多时，大多数设施氨氮超标严重，部分设施出水口甚至气味强烈。

在农村污水治理工程中，我们采用生化池与毛细管生态滤池联用工艺，其中生化池主要降低污水中的COD、SS、氨氮等污染物，后端的毛细管生态滤池可进一步提高出水水质，并有效去除污水中的总磷。

6.8.2　生化池与毛细管生态滤池联用工艺及效益分析

6.8.2.1　设计水质、水量

本工程设计处理量为$10m^3$，出水水质主要指标达到《城镇污水处理厂排放标准》（GB 18918—2002）一级A标准。

进出水水质如表6-27所示。

表 6-27 设计进出水水质

控制指标	进水水质/mg·L^{-1}	出水水质/mg·L^{-1}	备 注
COD$_{Cr}$	≤300	≤50	GB 18918—2002 一级 A 标准
BOD$_5$	≤180	≤10	
NH$_3$-N	≤15	≤8	
TP	≤2	≤0.5	
TN	≤30	≤15	
SS	≤50	≤10	

6.8.2.2 工艺流程

浦东新区农村地区由于拆迁等城市化原因导致现有农村地区较为分散，且排放的污水无法接入市政管网，因此只能通过新建农村污水收集管网，从每家每户的化粪池中引到污水处理装置系统中，处理达标后排放至就近的大水体中。本工程设计工艺流程如图 6-9 所示。

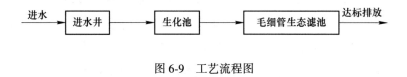

图 6-9 工艺流程图

A 生化池

本工程设计生化池占地面积 5m²，有效容积 10m³，有效水深 2m，反应池尺寸为 2.5m×2m×2.5m，其中缺氧池有效容积为 2m³，好氧池有效容积为 6m³，生化池采用地埋式。

污水通过化粪池收集经过管道进入缺氧池，缺氧池中微生物消解有机污染物。在好氧池中由高效风机给水体充氧，在好氧微生物的作用下污水中的有机物得到降解，氨氮被氧化并经过曝气处理后出水流入沉淀池，在沉淀池中悬浮物沉入池底，沉淀池上部清水自流进入毛细管生态滤池处理单元。生化池的结构示意图如图 6-10 所示。

经现场监测，生化池处理单元，COD 和 SS 的有效去除率分别为 41% 和 80%，总氮和氨氮的去除率可达 30% 以上。生化池进出水水质见表 6-28。

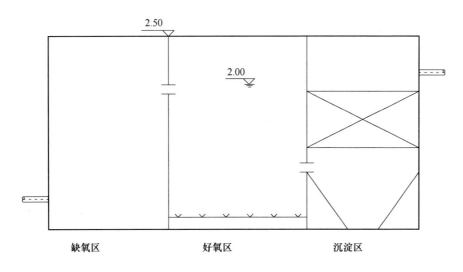

图 6-10　生化池的结构示意图

表 6-28　生化池进出水水质

项　目	COD	NH₃-N	TN	TP	SS
系统进水水质/mg·L⁻¹	220	15	23	2.0	100
生化池出水水质/mg·L⁻¹	130	10	15	1.5	20
处理效率/%	41	33	35	25	80

B　毛细管生态滤池

毛细管生态滤池是利用土壤滤料、微生物、植物的共同作用净化污水的地下土壤慢滤系统，通过生态、生物、物理等多种处理方式，辅以天然环境形成的微生物，对低浓度污水进行深度处理。毛细管生态滤池内设复合人工土及不同粒径的填料，表层种植经济作物，可实现土地的综合利用。污水经过底层的穿孔布水管道通过土壤毛细作用向上渗透，最后经土壤层向外排出。污染物经过滤料的吸附作用及滤料表层的微生物膜处理，再通过土壤过滤、植物吸收等作用达到出水要求，同时也为床表作物提供充足的营养成分。其结构示意如图 6-11 所示。

毛细管生态滤池边墙和底部采用混凝土结构，防止污水渗入地下水。本工程设计池体占地面积 16m²，有效容积 24m³，有效水深 1m，毛细管生态滤池尺寸为 4m×4m×1.5m。池体内上层为 25cm 的土壤层和 20cm 的粗沙层，中层为 90cm 的滤料层，滤料主要可选用密度较小、比表面积较大的市场常见滤料，如沸石、陶

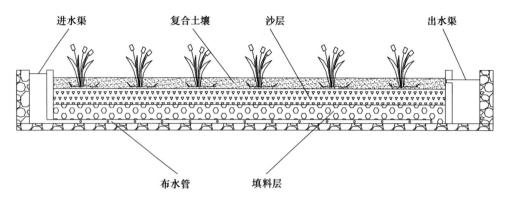

图 6-11 毛细管生态滤池结构示意图

粒、砾石等，其表面更容易生长微生物，水力停留时间更久；下层为布水管管沟，通过管沟的方式利用穿孔管进行布水，使得布水较为均匀，下层无死水区。经实际监测，毛细管生态滤池对 COD 和 BOD 去除率可达 80%~90%，总氨、总磷的去除率可达 70%~80%。

6.8.3 运行水质结果

该套系统在浦东新区棋杆村经过调试，一个月后进入稳定运行，稳定期间的出水水质见表 6-29。

表 6-29 生化池与毛细管生态滤池联用工艺各级水质

项 目	COD	NH₃-N	TN	TP	SS
系统进水水质/mg·L⁻¹	220	15	23	2.0	100
生化池出水水质/mg·L⁻¹	130	10	16	1.5	20
毛细管生态滤池出水水质/mg·L⁻¹	46	3.8	6.5	0.45	6
处理效率/%	79.1	74.7	71.7	77.5	94

出水达到 GB 18918—2002 一级 A 标准，同时在生化池段，对 SS 的去除率达 80%，有效地降低了 SS 对毛细管生态滤池的影响，毛细管生态滤池内填料不易堵塞，使用寿命大大延长，提高了处理系统的长期稳定性。

6.8.3.1 工艺技术优势

（1）自然生态优化组合。

（2）系统高度集成，安装调试简便，故障率低。

（3）高度的物理、化学、生物（动物、植物和微生物）的协同作用，产品性能高，系统可稳定出水。

（4）出水水质满足《城镇污水处理厂污染物排放标准》（GB 18918—2002）中的一级 A 标准。

（5）系统启动时间短，剩余污泥量少，运行无噪声，无二次污染。

（6）总投资成本较低，运行费用低，使用寿命长。

6.8.3.2　维护管理及效益分析

本工程实施后，维护较为简便，只需在冬季将植物进行收割，不需要增加额外的维护费用，同时对该农村地区产生良好的环境效益和经济效益，污染物排放当量相对往年可减少80%左右，且通过该处理工艺，降低管网费用，该程总投资25 万元，吨水处理成本为 0.25 元。

6.8.4　结论

（1）根据新区农村分布的特点，以及水量较小的问题，使用生化池与毛细管生态滤池联用处理系统，处理效果显著。

（2）污水中 COD、NH_3-N、TN、TP 和 SS 去除率分别为 79.1%、74.7% 71.7%、77.5%和94%，出水水质满足《城镇污水处理厂污染物排放标准》（GB 18918—2002）中的一级 A 标准。

（3）生化池与毛细管生态滤池联用处理工艺结合了生化池与毛细管生态滤池的各自优点，在前端通过生化预处理后，极大降低了进入毛细管生态滤池的有机负荷与 SS 浓度，克服了毛细管生态滤池容易堵塞的问题，延长了渗滤沟内滤料的使用寿命，使得整个系统能够有效稳定地运行。

实例 9　氧化塘废水处置工程设计方案

6.9.1　工程概述

6.9.1.1　项目名称

生产废水处置工程。

6.9.1.2 工程概述

糖业有限责任公司是一家专业以甘蔗制糖加工为主的生产企业，在生产进程中产生清洗罐体的废水、循环冷却水及部分生产制备的冷却水，这些废水经公司自建氧化塘处置后出水未能达到国家排放标准，为提倡节能减排和环保要求，公司决定将氧化塘废水进行好氧生化处置，出水用于浇灌及达标外排。

6.9.1.3 大体设计参数

(1) 设计规模：7000m³/d。

(2) 设计水量：7000m³/d；时平均水量：300m³/h（每天处置24h）。

(3) 设计水质：污染物以 COD、BOD、SS 为主，污水处置设施应考虑去除有机物（COD、BOD）、SS。

按照车间生产情形，废水经车间废水收集管统一排放，其废水主要为冷却循环水，压榨废水主要为冲洗设备、地板废水。其废水经一级提升泵提升进入氧化塘区。

(4) 排放标准：排放水达到国家标准《污水综合排放标准》（GB 18918—2002）一级 A 标准的要求。本方案生产综合废水的原水水质和处置后水质排放浓度见表6-30。

表6-30 水质指标

指标	废水量/m³·h⁻¹	pH 值	水质/mg·L⁻¹				水温/℃
			SS	COD_{Cr}	BOD_5	石油类	
综合废水	7000	6~9	100~200	300~500	150~250	—	≤40
排放标准	7000	6~9	≤70	≤100	≤20	≤5	≤30

(5) 设计执行规范、标准：

《中华人民共和国环境保护法》（1989 年 12 月）。

《中华人民共和国水污染防治法》（1984 年 5 月）。

《中华人民共和国水污染防治法实施细则》（1989 年 7 月）。

中华人民共和国城乡建设部公布《建设项目环境保护设计规定》（1987 年 3 月）。

中华人民共和国国家标准《污水综合排放标准》（GB 8978—2002）。

地方标准（待补充）。

其他设计规范：

《室外给排水设计规范》（GBJ 14—87）；

《室外给水设计规范》（GBJ 13—88）。

6.9.1.4　工艺论证

（1）排放水量：拟设计工程建设规模按 7000m³/d 整体计划设计。

（2）污水水质特征：污水主要由压榨废水和冷却水组成。

废水具有以下水质特征：水量有必然的波动性，每一年有半年为淡季；污染物浓度不高，可生化性较好；水质较稳固，压榨废水经氧化塘进行厌氧经降温处置。

6.9.1.5　工程处置工艺选择

CASS 工艺（cyclic activated sludge system modified）是以生物反应动力学原理及合理的水力条件为基础而开发的一种具有系统组成简单、运行灵活和可靠性好等优良特点的废水处置新工艺，尤其适合于含有较多工业废水的城市污水及要求脱氮除磷的处置。

本系统采用直接好氧处置方式进行，好氧选用自动化控制程度高的 CASS 工艺，以减少人员操作。本方案采用两组由 SBR（序批式好氧生物处置工艺）曝气池变革的工艺——CASS 曝气池。

6.9.2　污水处置工艺流程

污水处置工艺流程如图 6-12 所示。

工艺简介：按照功能不同，本方案由污水处置工艺和污泥处置工艺两部分组成。污水处置工艺由预处置、生化处置组成；污泥处置工艺由污泥脱水机、CASS 剩余污泥处置组成。

6.9.3　污水处置系统

6.9.3.1　预处置系统

车间生产废水：该厂生产废水每天排放约 7000t。产生的废水不进行分类收集，统一流经泵提升进入氧化塘。生产废水包括压榨废水和冷却水，而压榨废水主要为冲洗设备、地板废水，含有必然的油脂和蔗渣，因此需要经格栅拦截除去大颗粒的悬浮物后进入集水池。

集水池：冷却水和压榨废水经氧化塘自然净化后，既能匀化水质亦能达到降

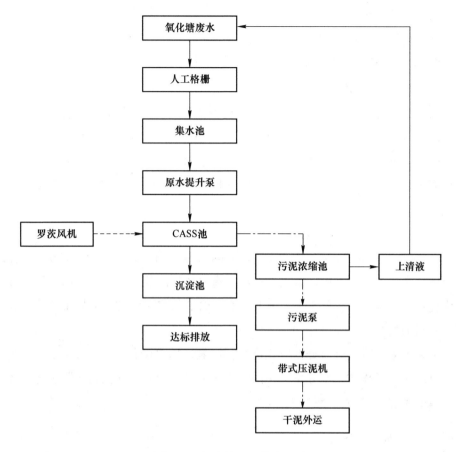

图 6-12 污水处置工艺流程图

温效果。由于该厂废水排放已经氧化塘自然净化，因此本工艺只需设集水井，满足废水处置系统提升泵用即可。

6.9.3.2 主处置系统

CASS 池：本设计采用两组 SBR（序批式好氧生物处置工艺）曝气池的变革工艺——CASS 曝气池。

CASS 工艺是"采用间歇反应器体系的持续进水、周期排水、污泥回流、延时曝气好氧活性污泥工艺"的简称，为 SBR 处置工艺的改良型。既涵盖了 SBR 工艺的长处，同时运行管理加倍方便，基建投资更省、抗冲击负荷能力更强，这些优势给它的进展带来了壮大的推动力，取得了美国、加拿大、澳大利亚、日本、法国、德国等国家的普遍重视和应用。

CASS 工艺流程简单，运行管理方便，耐冲击负荷能力强，处置效果好。制糖废水水质、水量变化大，故本工艺采用耐冲击负荷较强的 SBR 工艺改良形式——CASS 工艺。

为保证 CASS 曝气池预反应区高的污泥浓度（形成高负荷的基质降解进程，减缓水质水量冲击，抑制丝状菌生长，有效避免污泥膨胀），将曝气池后部分污泥回流至曝气池前端（回流比 20%），设计采用每间池子 1 台污泥回流泵，剩余污泥由回流泵排向污泥浓缩池进行浓缩。

CASS 好氧曝气池出水直接排放进入回用水贮塘。

6.9.3.3 水质处置预测效果

水质处置预测效果见表 6-31。

表 6-31 水质处置预测效果

处 理 单 元		化学需氧量 COD_{Cr}	生化需氧量 BOD_5	悬浮物 SS
氧化塘原水/$mg \cdot L^{-1}$		450	200	100
CASS 池出水	去除率/%	85	92	50
	出水浓度/$mg \cdot L^{-1}$	68	16	50

6.9.3.4 污泥处置系统

人工格栅拦截下来的漂浮物、悬浮物可直接外运，妥善处置。

CASS 产生的剩余污泥通过浓缩、脱水后形成泥饼外运，污泥浓缩池上清液排回调节池，脱水机滤液返回氧化塘。

泥饼由污泥输送带输送至污泥堆放区。

污泥处置系统包括污泥排出泵、压滤机及其配套设备。

6.9.4 工艺设计参数

（1）废水预处置工艺参数见表 6-32。

表 6-32 预处置工艺参数

格 栅 井	
形式	地下
设计规模	300m^3/h
有效容积	12m^3

续表 6-32

格 栅 井	
有效水深	1.5m
规格	$L×B×H=6.0m×1.0m×2.0m$

人 工 格 栅	
形式	10mm、5mm 各 1 道
数量	2 道
厂家	自制

（2）集水池参数见表 6-33。

表 6-33　集水池参数

形式	地下
停留时间	12h
设计规模	7000m³/d
有效容积	508m³
规格	$L×W×H=12.0m×9.4m×4.5m$
有效水深	4.0m
结构	钢筋混凝土
数量	1 座

（3）CASS 池参数见表 6-34。

表 6-34　CASS 池参数

形式	全地上式，1 座，2 组，钢筋混凝土
设计规模	7000m³/d
BOD 去除率	92%
有机负荷	0.14kgBOD/(m³·d)
有机负荷	1.84kgCOD/(m³·d)
有效容积	4095m³

规格	$L×W×H = 35m×13m×5.5m$
有效水深	4.5m
结构	钢筋混凝土
曝气形式	微孔曝气
供气形式	鼓风曝气
气水比	12∶1
数量	1座
污泥浓度	3000mg/L
滗水率	23%
水力停留时间	14h

（4）污泥浓缩池参数见表 6-35。

表 6-35　污泥浓缩池参数

形式	地上式
设计规模	7000m³/d
有效容积	210m³
有效水深	5.0m
规格	$L×W×H = 7m×4m×5.5m$
结构	钢筋混凝土
数量	1座

6.9.5　总图设计

总平面布置（纳入厂区统一计划）：总平面布置以满足国家规范为前提，以物流顺畅、道路顺直、环境美观、减少污染为原则进行布置。

整个污水处置站区土建结构完全连在一路，便于施工及统一管理，土建结构分为上下两层，集水池为地埋式。主体工艺 CASS 池为全地上式。各房室在地面上，分为配药区、贮药区、设备房、污泥脱水区、总控制室，主工艺流程经一次提升后依水位差自流。

实例10 一体化污水处理装置

6.10.1 概述

一体化污水处理装置（图6-13）在中小型生活污水处理方面独有成就。近年来使用在高速公司服务区、生活小区、医院、电厂等公共场所，使用效果显著，全部达标排放。

图6-13 一体化污水处理装置实物图

本次方案按照2300人的生活污水进行设计。污水站的地点经过现场勘查。

（1）污水处理量：设计人数2300人，废水产生量每人100L/d，24h约为240m³。

（2）设计出水水质：原水水质指标（按常规设定）见表6-36。处理后出水达到《污水排放执行标准》（GB 8978—1996）中的二级排放标准，出水水质指标见表6-37。

表6-36 原水水质指标

$BOD_5/mg \cdot L^{-1}$	$120 \sim 150$
$COD_{Cr}/mg \cdot L^{-1}$	$350 \sim 500$

SS/mg·L^{-1}	80~250
pH 值	6~9
动物油/mg·L^{-1}	10~15

表6-37　出水水质指标

植物油类/mg·L^{-1}	<15
COD$_{Cr}$/mg·L^{-1}	<150
BOD$_5$/mg·L^{-1}	<30
SS/mg·L^{-1}	<150
NH$_3$-N/mg·L^{-1}	<25

（3）工作界限从收集池进水口到一体化水处理设备（达标排放）的出水口止。

6.10.2　工艺流程

6.10.2.1　工艺流程原理及说明

整体式生活污水处理装置主要用来处理低浓度的有机废水，为减少占地面积，要求设备的体积小，在工艺流程的设计上好氧处理作用厌氧和氧化两相的交替操作达到处理目的工艺，简称 A/O 法。为主要处理单元，反应器设计上选用体积小的高效反应器。本方案采用一体化工艺。生活污水属于低浓度的有机废水，其可生化性好而且各种营养元素比较全，同时受重金属离子污染的可能性比较小，为了减少设备总体体积，综合化粪池一般不包含在一体化的设备中。综合化粪池起调节水量作用，综合化粪池的有效停留时间一般为 3~6h。生化反应池采用接触氧化池，厌氧池停留 1~2h，氧化池停留 8~10h。

填料采用无堵塞型、易结膜、高比面积的填料。在接触氧化过程中采用三级接触氧化即能确保废水的排放，可有效节省能源。二沉池为竖流式结构，上升流速 0.3~0.4mm/s，沉降下来的污泥输送到污泥池。污泥池用来消化污泥，污泥池上清液输送至生化反应池部分，进行再处理。污泥池消化后的剩余污泥很少，一般每年清理一次，清理方法可用吸粪车从检查孔伸入污泥池底部进行抽吸，由二沉池排出的上清液进入消毒池消毒处理后排放。按规范考虑消毒池接触时间大于 30min。

整体式生活污水处理设备一般有如下优点：

（1）占地面积小。

（2）净化程度高，整套系统污泥产生量低。

（3）自动化程度高，能耗低，管理方便，不需要专人管理。

（4）产生的噪声低，异味少，对周围的环境影响小。

6.10.2.2　工艺流程图

工艺流程如图 6-14 所示。

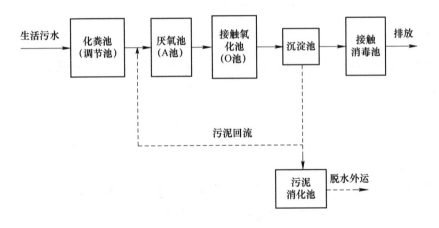

图 6-14　工艺流程图

6.10.3　构筑物

6.10.3.1　综合化粪池

综合化粪池在设备外，起到调节水质水量的作用，池材质为砖混结构，上面有池盖，设检查孔一个。

综合化粪池的详细尺寸见结构参数表。

6.10.3.2　A/O池

生物接触氧化池与厌氧池联用。A/O 法处理技术，其特点是利用厌氧和氧化两相交替，A 池停留 1~2h，而大部分有机物已均在 A 池被微生物吸附，剩余

BOD 和吸附在微生物体内的有机物在 O 池内被氧化分解，COD 脱除率大于 80%。采用 A/O 法工艺运行稳定可靠，耐冲击负荷，便于管理，无污泥膨胀现象。A 池有效容积为 10m³，停留 1~2h，O 池有效容积为 40m³，停留 6~8h，气水比为 20∶1，设计 COD 去除率为 80%。

采用 SNP 无剩余污泥悬浮型生物填料作为生物载体，生物量大，易挂膜、不堵塞、不结球，使用寿命可达 15 年以上，同时可脱氮除磷。曝气方式为风机曝气。

6.10.3.3　二沉池

采用混凝沉淀，添加液体絮凝剂，通过滴流方式添加，截流阀有效控制剂量，每隔 10 天添加一次。

生化后的污水流到二沉池，二沉池为竖流式沉淀池，上升流速为 0.3 ~ 0.4mm/s，通过添加絮凝剂增大沉淀效果。排泥采用空气提升至污泥池。

6.10.3.4　接触消毒池

该池的作用主要是杀死绝大多数病原微生物，防止水致传染病危害。消毒必须保证足够的消毒停留时间。停留时间大于 0.5h，消毒后出水即达标排放。投加消毒剂为氯片。

6.10.3.5　污泥池

污泥经空气提升至污泥池进行厌氧消化，污泥池的上清液回流至接触氧化池内进行再处理。消化后的剩余污泥很少，一般 1~2 年清理一次，清理方法可用吸粪车从污泥池的检查孔伸入污泥池底部进行抽吸后外运。

6.10.3.6　风机房及风机

风机房设在出水池的上方，风机房进口采用双层隔音，进风口有消声器，因此运行基本无噪声。风机采用罗茨鼓风机，运行寿命为 30000h 左右。

6.10.3.7　结构物参数

结构物参数见表 6-38。

表 6-38　结构物参数

序号	名　称	规格/m×m×m	数量/座	备　注
1	砖砌综合化粪池	4.0×3.0×3.0	1	砖混结构，水泵 2 台

序号	名　　称	规格/m×m×m	数量/座	备　　注
2	厌氧消化 A 池	1.5×2.6×2.8	1	材质：碳钢； 底板、侧板：5~8mm； 其余：5~6mm； 风机型号：BH-65，交替 运行； 污泥泵 1 台
3	接触氧化 O 池（一）	1.85×2.6×2.8	1	
4	接触氧化 O 池（二）	1.85×2.6×2.8	1	
5	接触氧化 O 池（三）	1.85×2.6×2.8	1	
6	沉淀池	1.5×2.6×2.8	1	
7	清水接触消毒池	1.45×1.1×2.8	1	
8	风机房	1.45×1.5×2.8	1	

注：处理量：10m³/h；外形尺寸：10m×2.6m×2.8m。

6.10.4　处理效果预测

总去除效果见表 6-39。

表 6-39　总去除效果　　　　　　　　　　　　　　　（mg/L）

COD_{Cr}		BOD_5		SS		NH_3-N	
进水	出水	进水	出水	进水	出水	进水	出水
500	<150	150	<30	200	<150	30~40	25

参 考 文 献

[1] GB 8978—2002 污水综合排放标准 [S]. 2003.

[2] 周迟骏. 环境工程设备设计手册 [M]. 北京：化学工业出版社, 2008.

[3] 崔玉川. 城市污水厂处理设施设计计算 [M]. 北京：化学工业出版社, 2004.

[4] 中国市政工程西南设计院. 给水排水设计手册 [M]. 北京：中国建筑工业出版社, 2000.

[5] 张自杰. 排水工程 [M]. 5版. 北京：中国建筑工业出版社, 2014.

[6] HJ 576—2010 序批式活性污泥法污水处理工程技术规范 [S]. 北京：中国环境科学出版社, 2010.

[7] 郑兴灿. 污水除磷脱氮技术 [M]. 北京：中国建筑工业出版社, 2000.

[8] 刘文来. 农村污水处理技术研究进展 [J]. 资源节约与环保, 2019 (4)：148-149.

[9] 汪聪, 卢琛. 生化池与毛细管生态滤池联用处理. 农村生活污水工程实例 [J]. 环境工程, 2020 (38)：158-162.

[10] GB 50014—2006 室外排水设计规范 [S]. 2011.

[11] 王社平, 高俊发. 污水处理厂工艺设计手册 [M]. 北京：化学工业出版社, 2011.

[12] HJ 2005—2010 人工湿地污水处理工程技术规范 [S]. 北京：中国环境科学出版社, 2011.